旱涝灾害风险评估的理论与实践

徐玉霞　王　静　刘引鸽　周　旗等　著

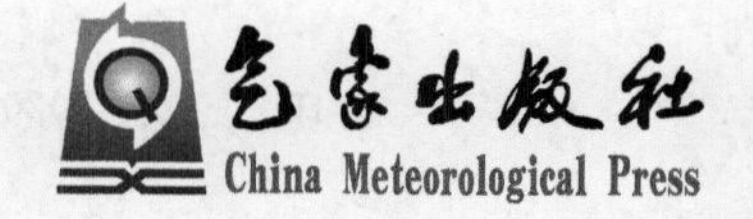

内容简介

本书广泛吸收了国内外对于旱涝灾害的最新成果，特别是重点概括了我国近年来在旱涝灾害方面的成就，系统介绍了旱涝灾害的内涵和发生的机理及防灾减灾方面的内容，结合近年来对于旱涝灾害风险评估及因灾致贫方面的研究成果，具有一定的特色。本书共分10章。第1章旱涝灾害概述，第2章旱涝灾害的形成与影响因素，第3章旱涝灾害产生的影响分析，第4章旱涝灾害的监测预警与评估，第5章旱涝灾害的应急管理，第6章旱涝灾害减灾的能力建设，第7章陕西省旱涝灾害风险评估及区划，第8章甘肃省旱涝灾害风险与影响评估，第9章宝鸡市旱涝灾害致贫风险评估及区划，第10章安康市洪涝灾害致贫风险评估及区划。本书是一本资料翔实，内容丰富，理论性、针对性和实用性强的专著，具有较高的学术价值和实践指导作用。

本书既可供气象、地理、环境、生态、农林牧业、水文、经济、建筑、旅游等相关专业从事科研和业务的专业技术人员以及政府部门的决策管理者参考，也可供相关学科的大专院校师生参考。

图书在版编目(CIP)数据

旱涝灾害风险评估的理论与实践 / 徐玉霞等著. —北京：气象出版社，2020.8

ISBN 978-7-5029-7264-6

Ⅰ.①旱… Ⅱ.①徐… Ⅲ.①旱灾-灾害防治-中国②水灾-灾害防治-中国 Ⅳ.①P426.616

中国版本图书馆CIP数据核字(2020)第158243号

旱涝灾害风险评估的理论与实践

Hanlao Zaihai Fengxian Pinggu De Lilun Yu Shijian

出版发行：气象出版社

地　　址：北京市海淀区中关村南大街46号　　**邮政编码**：100081

电　　话：010-68407112(总编室)　010-68408042(发行部)

网　　址：http://www.qxcbs.com　　**E-mail**：qxcbs@cma.gov.cn

责任编辑：陈　红　　**终　　审**：吴晓鹏

责任校对：张硕杰　　**责任技编**：赵相宁

封面设计：博雅思企划

印　　刷：北京建宏印刷有限公司

开　　本：787 mm×1092 mm　1/16　　**印　　张**：9

字　　数：230千字

版　　次：2020年8月第1版　　**印　　次**：2020年8月第1次印刷

定　　价：40.00元

序

IPCC第四次评估报告认为，过去150年以来，全球平均气温上升了0.74 ℃，气候变暖已成为地球变化的基本特征。极端天气事件如高温热浪、干旱和强降水等呈现出逐渐增强的变化趋势，IPCC第五次评估报告再次确认和强调了这一事实，1983—2012年近30年间，全球平均气温增幅较过去明显加快。全球气候变暖背景下，温度异常偏高导致大气环流出现异常，地区极端天气事件爆发频率增加，破坏程度越来越重，日益威胁人类赖以生存所依靠的农业、生态环境、水资源等基础条件，使得灾损不断加剧。

旱涝灾害是对世界危害最为严重的主要气象灾害，其发生是多种因素耦合作用的结果，不仅与自然环境因素的变化相关，同样也受到人类社会活动的干扰和影响。旱灾发生具有持续时间长、累积性、延续性和灾损强等特征，而洪涝灾害发生具有突发性、损失大、重复性强的特征。随着全球经济的发展，干旱灾害对下垫面上人类社会经济活动的影响程度越来越重。20世纪以来，旱涝灾害频繁发生，已成为世界各国高度关注的重要环境问题。干旱灾害方面，比如1934—1936年、1939—1940年，美国大部分州遭受了严重的“黑色风暴”，这两次严重旱灾导致大田作物大面积绝收，诸多人、牲畜和动物死亡。1981—1984年，非洲20个国家发生持续性干旱，河流和湖泊干涸，2万多人因极度缺水死于干旱，并蒙受巨大的经济损失。受2009年厄尔尼诺影响，越南发生了百年一遇的罕见干旱灾害事件，工农业损失严重。洪涝灾害方面，1916年，荷兰须德海水坝因连续降雨溃坝，造成洪水泛滥并酿成巨大灾害。2017年5月，全球暴雨洪涝灾害频发，斯里兰卡、加拿大等国遭受连日暴雨从而引发了洪涝灾害，热带气旋“莫拉”袭扰孟加拉国并造成较重的影响。

我国因特殊的地理位置及明显的海陆热力性质差异，致使中东部地区降水时空分布极不均衡，水资源南北东西分布差异较为显著。人口、工农业生产分布与水资源空间分布不协调的矛盾，以及人类社会经济活动对下垫面的干扰破坏程度日趋严重，使得我国成为世界上受水旱灾害影响最为严重的国家之一。旱涝灾害发生频繁，影响范围广泛，在较大程度上限制了国民经济的健康发展。据统计，20世纪50年代至今，我国在旱涝灾害受灾和成灾面积方面均呈现递增的趋势，尤其是20世纪90年代至今，旱涝灾害等极端气象事件发生频率更高，灾损程度更大。1998年，长江、嫩江、松花江等流域爆发了百年一遇的洪水灾害，据初步统计，江西、湖北、湖南等省受灾最重，全国受灾面积为0.21亿 hm^2，成灾面积为0.13亿 hm^2，直接经济损失高达1660亿元。2000年，我国发生了极为严重的干旱灾害，经济损失超过20世纪60年代三年自然灾害时期所蒙受的损失。在落后的技术和生产条件下，人类只能适应气候，只能躲避气象灾害和利用气候资源，但随着科学技术的不断进步，人类逐步洞悉气候特征及其变化规律，伴随生产规模和经济总量日益扩大，人类社会和气候的关系也越来越和谐。了解旱涝概况、特征及演变规律，能够科学合理地开发和利用气候资源，减轻旱涝灾害的影响，避免人类活动对气候系统造成的不良后果，还有助于重大工程的建设和管理，有利于政府长远发展规划和工农业布局的设计。

为了让更多的人更好地了解旱涝灾害的背景、成因、分布等状况以及未来的变化趋势等情况，增强全社会应对气候变化、防灾减灾和风险管理能力，推进生态文明建设，作者应用最新数据资料和科研成果，组织编写了《旱涝灾害风险评估的理论与实践》一书。该书结合近年来对于旱涝灾害风险评估及因灾致贫方面的研究成果，系统地介绍了旱涝灾害的内涵及发生的机理及防灾减灾方面的内容。

本书内容丰富，理论性、针对性和实用性较强，具有较高的学术价值，对了解旱涝灾害的发生，对科学认识旱涝灾害问题具有指导作用，对预防旱涝灾害的发生和生态保护方面具有一定的参考价值。既可供气象、地理、环境、生态、农林牧业、水文、经济、建筑、旅游等领域从事科研和业务的专业技术人员参考，也适合政府及有关部门领导、专家与相关人员参考和阅读。

希望本书能够为经济社会可持续发展、丝绸之路经济带建设、生态保护与修复等提供决策依据，为气候资源开发利用和精准扶贫发挥积极作用。

最后，谨向为编撰、出版和印刷此书付出辛勤劳动的专家、科技工作者表示衷心的感谢。

甘肃省气象局总工程师　一级巡视员

张强

2020 年 6 月 8 日

前　言

21 世纪以来，全球自然灾害，尤其是气象灾害频发。目前，旱涝灾害在很大程度上影响了地区的水资源安全，成为制约国民经济健康、持续发展的瓶颈，因此开展区域气象灾害的评估与区划在地区防灾减灾中具有重要的作用。根据联合国国际减灾战略和风险防范计划，加强对干旱、洪涝等自然灾害孕育、发生、发展、演变、时空分布等规律和致灾机理方面的研究，为科学预测及预防自然灾害提供相关的理论依据，对开展干旱、洪涝灾害风险综合评估，建立、健全和完善灾情监测、预警、评估和应急救助指挥体系具有重要的现实意义。由于特殊的自然地理环境条件、全球变暖和极端天气事件的出现，气象灾害中干旱、洪涝灾害频繁发生，给国民经济带来很大损失。因此，科学评估干旱、洪涝灾害风险，采取必要的防灾减灾措施，寻求降低风险的有效途径，对减少农林牧副渔生产和人们日常生产生活带来的影响，降低灾害损失，提高地方社会效益和经济效益具有十分重要的现实意义。

为了减轻干旱、洪涝灾害的影响，避免各种工程实施过程中的盲目性，特别是近年来，随着社会经济发展和干旱、洪涝灾害的频繁发生，其风险评估已越来越受到人们的重视，同时也已经成为迫切需要研究的课题。本书以自然灾害风险评估理论为指导，选取并构建适用于区域旱涝灾害风险评估的指标体系及模型，对干旱、洪涝灾害进行风险评估及区划，对探索区域干旱、洪涝灾害风险评估方法，为地区农业发展、重大工程建设等提供必要的防灾减灾决策信息，为各级政府和实际生产部门在防灾减灾政策的制定方面，为规避和减轻旱涝灾害风险提供科学指导和一定的参考依据，以期提高防灾减灾的实际效果，因此该研究工作具有较为深远的现实意义。

本书由宝鸡文理学院徐玉霞等、中国气象局兰州干旱气象研究所王静、兰州区域气候中心方锋共同编写完成。全书共分 10 章，由徐玉霞、王静、刘引鸽和周旗负责全书整体框架和章节结构的设计及编写组织、统稿和文稿技术把关。参加编写的主要人员如下(按照章节顺序)：第 1 章、第 2 章由徐玉霞、陈倩编写；第 3 章、第 4 章由徐玉霞、马凯编写；第 5 章、第 6 章由徐玉霞、何文鑫编写；第 7 章由徐玉霞、许小明编写；第 8 章由王静、方锋编写；第 9 章由徐玉霞、马凯编写；第 10 章由徐玉霞、阳亚霏、刘引鸽、周旗编写。全书由徐玉霞、陈倩、马凯、何文鑫完成审校。

本书的编写工作自始至终是在宝鸡文理学院各位领导的关心、支持和勉励下进行的。本书的出版得到国家自然科学基金面上项目：区域气候变化风险感知与应对研究(41771215)；国家自然科学基金面上项目：近 200 年来渭河流域气候变化水文效应及机制研究(41771048)；陕西省重点实验室项目：全球气候变化下陕西省旱涝灾害风险评估及区划研究(16JS005)；陕西省社会科学基金：后退耕时代陕西省退耕还林工程效益评价及其影响研究(2015D057)；宝鸡文理学院重点项目：宝鸡市洪涝灾害因灾致贫风险评估及分区研究(ZK18014)；甘肃省气象局

“十人计划”项目：城市发展对气候变化影响检测研究及区域站降水资料适用性分析（GSMArc2019-06））；甘肃省气象局英才计划：气候变化背景下西北地区主汛期降水对东亚夏季风的响应及其在气候预测业务中作用（GSMArc2019-09）等基金的资助，在此表示感谢！

由于作者水平有限，撰写时间紧迫，书中难免会有缺点和错误，谨请读者多提宝贵意见，以使今后进一步修改和提高。

著者

2020 年 5 月 20 日

目　录

第1章 旱涝灾害概述

1.1 气象灾害的内涵

气象灾害是自然灾害中最为频繁、影响最严重的灾害，是指由于气象因素导致的或至少与气象因素有极大关系，对人类的生命财产安全和国民经济建设及国防建设等造成的直接或间接的损害，不仅会造成几百万元至几百亿元的经济损失，同时也会造成灾害区内不计其数的伤亡人数。由于气候变化的异常，会造成极端天气现象频繁发生，并且种类繁多、危害严重，影响范围十分广泛，给人们的生命财产安全和生态环境都带来了极大的损害。

《中华人民共和国气象法》和《气象灾害防御条例》中把"气象灾害"定义为：台风、暴雨(雪)寒潮、大风(沙尘暴)、低温、高温、干旱、雷电、冰雹、霜冻和大雾等所造成的灾害。实际上，就是指大气对人类的生产生活、经济发展建设等造成的直接或间接的损害。中国是世界上自然灾害发生十分频繁、灾害种类甚多，造成损失十分严重的少数国家之一。气象灾害在我国发生非常频繁，破坏性强，造成的损失大，防灾减灾难度大。

我国大陆地处中纬度，南北跨越50个纬度，西为世界最高的高原，东临全球最大的太平洋，海陆天气系统形成复杂的反馈关系。大气中极地高压与副热带高压的消长，低纬与中纬信风带来的干涉，以及南方涛动与厄尔尼诺、台风源的影响等，使得我国大气形势特别复杂多变，加之大陆山区多变而剧烈的地势起伏，地下放热、放气的影响，下垫面的变化，生物繁衍与人类活动的影响等，所有这些因素，都加重了我国的气象灾害。我国又是一个农业大国，受气象灾害的敏感度最大，因此气象灾害成为影响我国最广泛的严重自然灾害。

气象灾害中最严重的灾害类型是旱灾。据历史资料记载，自公元前206年至公元1949年的2155年间，我国共发生较大旱灾2056次。1920年北方大旱，灾民达2.00×10^7人，死亡人数可达50余万人。新中国成立以后，党和政府十分重视兴修水利、减轻旱灾的工作，但每年受旱面积仍有$2.07\times10^7\text{hm}^2$，损失粮食数可达百亿斤*。

我国是世界上多暴雨的国家之一，洪水的危害也十分严重。公元前206年至公元1949年，我国共发生较大水灾1079次。1931年洪灾遍及川、鄂、湘、赣、江、浙、豫等省，淹没农田$3.34\times10^6\text{hm}^2$，受灾人口$2.80\times10^7$人，淹死$1.45\times10^5$人。现在我国有1/10的国土面积、100多座大中城市，全国50%的人口，70%的工农业产值分布在高程位于洪水位以下的地区，洪水的严重威胁依然存在，1963年华北大水，仅海河流域直接经济损失即达6万多元(高庆

---

* 1斤=500克(g)，下同。

华,1991)。

其他自然灾害如热浪、焚风、大风、霜冻、冷雨、冰雹、雷电、黄河凌汛等都给我国造成了不同程度的损失。

1.2 旱涝灾害的内涵

1.2.1 干旱灾害的内涵

干旱是全球主要的气象灾害之一,指某地在某一时段内的降水量比其多年平均降水量显著偏少,导致经济活动(尤其是农业生产)和人类生活受到较大危害的现象。导致干旱的直接原因是缺少自然降水(雨或雪)。据统计,全球干旱灾害占气象灾害的50%左右,其发生频率最高、持续时间最长、影响面最广、对农业生产威胁最大、对生态环境和社会经济产生影响最深远。我国大部分地区处于季风气候区,降水时空分布不均、年际变化大,是一个干旱灾害频发的国家。在我国,干旱灾害是造成农业经济损失最严重的气象灾害,所以干旱是我国最常见、对农业生产影响最大的气象灾害,干旱受灾面积占农作物总受灾面积的一半以上。干旱给国家经济建设和人民生命财产造成的损失越来越大,严重影响社会公共安全、国民经济发展和人民生存环境。随着经济的发展和人口的增长,干旱造成的损失绝对值呈明显增大的趋势。除我国外,干旱灾害在全球范围内影响广泛,还与土地退化和荒漠化密切关联,对许多经济落后的发展中国家造成了特别惨痛的后果。干旱灾害几乎遍布世界各地,并频繁地发生于各个历史时期。全球有120多个国家和地区每年遭受不同程度的干旱灾害威胁,主要分布在亚洲大部地区、澳大利亚大部、非洲大部、北美和南美西部的半干旱区,约占全球陆地总面积的35%。尽管由于各地地理环境差异使得干旱灾害特性有很大差异,但各国已普遍认识到干旱会造成生命财产损失、生态退化和社会动荡等一系列严重问题,所以干旱的防治迫在眉睫。

1.2.2 洪涝灾害的内涵

洪涝灾害一般包括洪灾和涝渍灾两种类型。

洪灾一般指河流上游的降雨量或降雨强度过大、急骤融冰化雪或水库垮坝等导致的河流突然水位上涨和径流量增大,超过河道正常行水能力,在短时间内排水排泄不畅,或是由于暴雨引起山洪暴发、河流暴涨溢出堤坝或堤坝溃决,形成洪水泛滥而造成的灾害。

涝灾一般指本地降雨过多,或受沥水、上游洪水侵蚀,河道排水能力降低、排水动力不足或受大江大河洪水、海潮顶托,不能及时向外排泄,造成地表积水而形成的灾害,多表现为农田受淹、农作物减产歉收。

渍灾一般指当地地表积水排出后,因地下水位过高,造成土壤含水量过多,土壤长时间处于空气不畅状态而形成的灾害,多表现为地下水位过高,土壤水长时间饱和,农作物根系活动层水分过多,不利于农作物的生长发育,易导致农作物减产减收。

1.3 旱涝灾害的分类及基本特征

1.3.1 干旱灾害的分类及基本特征

国际上把干旱分为气象干旱、农业干旱、水文干旱和社会经济干旱 4 种类型。

(1)气象干旱。干旱在气象学上有两种含义,气候学意义上的干旱是指某些地区由于所处的地理位置和气候原因,长时期原本就一直少降水,称为干旱半干旱气候,形成干旱半干旱地区。这种干旱的特点是少降水是长期性和普遍性存在的,变化的周期漫长,影响的时间长,例如我国新疆的部分地区,在大陆性气候控制下,常年气候干旱、降水稀少。而天气学意义上的干旱是指由于某些原因发生天气异常,在某些特殊时期出现降水相对于多年平均值偏少的现象。这种现象在干旱或湿润地区都可能发生,特点是降水偏少是短期的和局部的,也称为大气干旱。

(2)农业干旱。是指在农作物生长发育过程中,因降水不足、土壤含水量过低和作物得不到适时适量的灌溉,致使供水不能满足农作物的正常需水,而造成农作物减产。农业干旱以土壤含水量和植物生长状态为特征,是指农作物生长季节内因长期无雨,造成大气干旱、土壤缺水,农作物生长发育受抑,导致明显减产,甚至绝收的一种农业气象灾害。体现干旱程度的主要因子有:降水、土壤含水量、土壤质地、气温、作物品种和产量,以及干旱发生的季节等。

(3)水文干旱。是指河川径流低于其正常值或含水层水位降低的现象,其主要特征是在特定面积、特定时段内可利用水量的短缺。主要考虑河道流量的减少、湖泊或水库库容的减少和地下水位的下降。水文干旱侧重地表或地下水水量的短缺,Linsley 等(1982)把水文干旱定义为:"某一给定的水资源管理系统下,河川径流在一定时期内满足不了供水需要。"如果在一段时期内,流量持续低于某一特定的阀值,则认为发生了水文干旱,阀值的选择可以依据流量的变化特征,或者根据水需求量来确定。

(4)社会经济干旱。是指由于经济、社会的发展需水量日益增加,以水分影响生产、消费活动等来描述的干旱。其指标常与一些经济商品的供需联系在一起,如建立降水、径流和粮食生产、发电量、航运、旅游效益以及生命财产损失等有关,是降水、地表径流和地下水、人类社会蓄水这三者的供给关系不平衡造成生活生产所需水分短缺的现象。

1.3.2 洪涝灾害的分类及基本特征

洪涝灾害可根据形成原因不同分为暴雨洪涝、山洪泥石流洪涝、冰凌洪水、堤坝洪涝和融雪洪涝 5 种类型。

(1)暴雨洪涝。因大雨、暴雨或长期降雨量过于集中而产生大量的积水和径流,排水不及时,致使土地、房屋等渍水、受淹而造成的灾害称为暴雨洪涝。

(2)山洪泥石流洪涝。由于强降雨、风暴潮等原因引起山洪暴发所造成的灾害称为山洪泥石流洪涝。

(3)冰凌洪水。又称凌汛,主要发生在初春,当气候转暖时,北方河流封冻的冰块开始融化。由于某些河段由低纬度流向高纬度,在气温上升、河流开冻时,低纬度的上游河段先行开冻,而高纬度的下游河段仍封冻,上游河水和冰块堆积在下游河床,形成河坝,由于大量冰凌阻塞形成的冰塞或冰坝拦截上游来水,导致上游水位壅高,在冰塞溶解或冰坝崩溃时槽蓄水量迅速下泄形成了冰凌洪水。在河流封冻时也有可能产生冰凌洪水。

(4)堤坝洪涝。是由于江、河、湖、库水位猛涨,堤坝漫溢或溃决,水流入境而造成的灾害。

(5)融雪洪涝。是由积雪融化形成的洪水,简称雪洪,融雪洪水在春、夏两季常发生在中高纬地区和高山地区。影响雪洪大小和过程的主要因素是:积雪的面积、雪深、雪密度、持水能力和雪面冻深,融雪的热量(其中一大半为太阳辐射热)积雪场的地形、地貌、方位、气候和土地使用情况,这些因素彼此之间有交叉影响。融雪洪水是漫长的冬季积雪或冰川在春夏季节随着气温升高融化而形成的。主要分布在高纬度地区或是海拔较高的山区。若前一年冬季降雪较多,而春夏季节升温迅速,大面积积雪的融化便会形成较大洪水。融雪洪水一般发生在4—5月。在我国融雪洪水主要分布于东北和西北的高纬度地区。

洪涝灾害的基本特点包括季节性、区域性、破坏性和普遍性以及可防御性。

(1)季节性。洪涝灾害的发生受季节影响显著,一般多发生在夏季风较强盛的夏季和秋季,季节变化显著。

(2)区域性。洪涝灾害的影响范围有显著的区域性特征,在特定的流域内,气候湿润、降水量大的区域容易发生洪涝灾害。

(3)破坏性和普遍性。我国地域辽阔、气候多样,自然环境差异很大,具有产生多种洪水类型和严重洪水灾害的自然地理条件及社会经济条件。除沙漠、极端干旱区和高原寒区外,我国三分之二的国土都存在着发生不同程度和不同类型洪水灾害的几率。我国的5种地貌组成中,山地、丘陵和高原约占国土总面积的70%,山区面积广大,极易发生洪水,并且影响范围很广。平原约占国土总面积的20%,其中黄河、长江等七大江河和滨海河流地区是我国洪水灾害最严重的地区,是防洪的重点地区。

(4)可防御性。虽然人类无法杜绝洪涝灾害,但是可以通过多种途径和手段,努力缩小洪涝灾害的影响程度和空间范围,减少损失,达到防灾减灾的目的。同时也可以通过一些组织措施,把小范围的灾害损失分散到更大的区域,从而减轻受灾区的经济负担和经济损失;也可以通过社会保险和救济增强区域的抗灾能力。新中国成立以来,我国经济飞速发展、科技水平迅速提升,修建了大量堤防工程,其中水库8万多座、加高加厚的江河大堤20多万千米,显著提高了防御洪涝灾害的能力,减轻了人民的生命财产安全损失。

1.4 旱涝灾害的灾情和变化趋势

伴随着全球气候变暖,我国的气候变化异常,极端天气气候事件明显增多,干旱、暴雨洪涝、低温冻害等多种气象灾害频发,气象灾害的多样性、突发性和极端性日渐突出,灾害的多变性、关联性和难以预见性更加明显,对我国人民的生产生活造成了较为严重的影响。

1.4.1 干旱灾害的灾情和变化趋势

研究表明,我国每年干旱灾害损失占各种自然灾害总和的15%以上,在1949—2005年发生的5种主要气象灾害中,干旱灾害频次约占总自然灾害的1/3,平均每年干旱受灾面积约为$2188\times10^4 hm^2$,占自然灾害受灾总面积的57%,均为各项灾害之首。粮食因旱灾减产占总产量的4.7%以上,干旱灾害的影响比其他任何自然灾害都要大。据观测,20世纪70年代以来,气候变暖不仅增加了大气的持水能力,而且还改变着大气环流格局,使全球干旱不断加重。如今，干旱灾害正在成为一种新的气候常态，其出现的频率更高、持续的时间更长、波动的范围更大，对国民经济特别是农业生产造成的影响也更为严重。尤其是1980年以来，干旱已经造成全球约56万人死亡，干旱引发的战争或冲突造成的影响也特别突出，农业、牧业、水资源、渔业、工业、供水、水力发电、旅游业等许多社会经济部门正在因干旱灾害遭受越来越重的损失。如1990年发生在非洲南部的干旱就造成津巴布韦水电量减少2/3左右，农业生产下降约45%，导致其股票市场损失62%，国民生产总值也因此下降了约11%。美国在2012年遭遇的20世纪30年代"尘暴"灾害以来最严重的干旱灾害，造成了严重的粮食减产和粮价飙升，牲畜和畜牧产品的价格及肉和奶制品的价格也大幅攀升，不仅引发了全球性的粮食安全危机，也引起了人们对干旱问题的重视。

1.4.2　洪涝灾害的灾情和变化趋势

近30年来全国的降水量有明显增加的趋势，但东北、内蒙古和西南地区却呈减少趋势，其他大部分地区降水明显增加。暴雨频率有增加趋势，对全国的农业、人口、经济的影响呈增加趋势。长江中下游和东北地区是农业影响的重灾区，南方地区是人口和房屋倒塌的重灾区，长江中下游和西南地区对经济影响较严重。暴雨洪涝灾害对南方地区的经济影响有加重趋势，对北方地区的人口影响和西南地区的房屋倒损影响也有加重趋势，在全国大多数区域对国民经济的影响都呈加重趋势。

1.5　旱涝减灾社会系统工程

气象灾害防御是一项惠及广大人民群众的社会系统工程，《中华人民共和国气象法》《气象灾害防御条例》等法律法规的出台是总结、提升贯彻实施国家法律经验的重要成果，因此各级人民政府及其有关部门、各单位及社会公众要充分认识气象灾害防御工作的重要意义，全面贯彻实施法律法规，履行法律法规赋予的责任和义务，切实做好气象灾害防御工作，贯彻"以防为主"，提高防灾减灾意识，最大程度地减轻灾害损失，促进经济社会持续和谐发展。

1.5.1　干旱灾害减灾社会系统工程

解决干旱缺水的基本方针是："全面节流、适当开源、加强保护、强化管理。"具体应从以下几方面入手：

(1)加强全民水危机意识的教育，牢固树立长期抗旱思想，把节水作为一项长期的基本国策，建立节水型农业、工业和社会。全社会的每个人都树立起强烈的水危机意识，彻底改变水是"取之不尽，用之不竭"的传统观念。把保护水资源、合理开发利用水资源提到重要议事日程，这是做好抗旱减灾工作的基本前提。

(2)加强水源工程建设，大力推广旱作农业技术，提高抗旱工作的科技含量。要因地制宜加强抗旱水源工程建设。像西北地区搞雨水集流和窖灌工程，西南山区修建蓄水塘坝，黄淮海地区和东北平原地区发展井灌及平原水库等小型水利工程，深耕轮作、耙磨保墒、秸秆还田、地膜覆盖、增施有机肥等旱作农业技术；积极推广使用"旱地龙"等抗旱剂、种子包衣，以及其他一些生物和化学抗旱措施。

(3)推行抗旱预案制度，建立抗旱信息系统和抗旱物资储备制度，提高对干旱灾害的应急响应能力。加快建立面向全国的抗旱信息系统，形成由中央、省、市、县组成的抗旱信息管理网络，集旱情监测、传输、分析和决策支持于一体，涵盖水情、雨情、工情变化的各种相关因素，能及时准确地发布旱情和抗旱信息，准确评价干旱对经济社会发展的影响；建立抗旱物资贮备制度，以克服抗旱经费下拨过程缓慢和被挪用等弊端，满足"一旦需要，随时调用"的抗旱要求。

(4)加快抗旱立法工作，依法规范抗旱行为；探索旱灾保险机制，保障农业持续稳定发展。近几年的抗旱实践表明，单纯依靠行政手段解决水量分配、规范用水秩序、经济补偿等各种水事问题难度越来越大，已经很难满足抗旱工作需要，迫切需要将这些矛盾纳入法制轨道来调节，使抗旱工作更为规范和高效；个体农民自身抗灾能力极其有限，应对干旱风险，迫切需要将市场经济体制和机制引入到抗旱减灾领域，建立旱灾保险等风险转移机制，既有利于分担各级政府财政压力，也可分散和转移旱灾风险。

1.5.2　洪涝灾害减灾社会系统工程

减轻洪涝灾害带来的危害是一项复杂的社会系统工程，不仅需要政府机构和专业部门的工作，更需要动员全社会的力量。对于洪涝减灾社会系统工程来说，洪涝灾害的发生，既有自然的因素，也有人为的因素。应对洪涝灾害，一方面需要加强城市防灾抗灾基础设施工程与备灾物资等硬件的建设，另一方面也需要建立城市减灾法制与制度，健全减灾管理机构与体制，强化全民安全减灾意识与技能等软件的建设。研究洪涝灾害的发生条件，以及由致灾因子诱发的次生灾害或致灾因子对人为灾害事故的影响，对于保护人民的生命财产安全，提高人民的生活质量，保证社会经济的可持续发展，有着十分重要的意义。与大多数气象灾害一样，洪涝灾害通常是由不可抗的自然力引发的，很难阻止其发生，特别是对于突发性灾害。但是我们通过加强对于洪涝灾害发生原因和危害机制的研究，充分认识洪涝灾害发生和演变的规律，提高对洪涝灾害预测预警的准确率，可以取得防御洪涝灾害的主动权，通过建立健全应对洪涝灾害的应急体制、机制与法制，编制减灾规划和各类应急预案，实施防灾减灾工程，就能够提高应对和减轻洪涝灾害的综合能力。在人工影响天气减灾手段方面，需继续探索局部人工增雨和消雨、人工消雾、人工消雹的技术与方法。继续完善气象部门与其他减灾相关部门在发生重大灾害及其次生、衍生灾害时的协调联动方案。

水利工程措施是河流流域中下游防洪除涝的根本措施。对于山地丘陵区要通过大量的修建水库、塘坝、截流沟等水利工程，并结合田间工程措施、生物措施、技术措施，拦蓄地表径流，达到涵养水源、控制水土流失、防止坡地洪水暴发的目的，在保护坡耕地的同时也保护下游的农田，同时充分合理利用水资源，改善生态环境，变水害为水利。

水土保持措施是通过种植水土保持林，控制水土流失，发展当地农业生产。水土保持林的主要作用是涵养水源，保持水土，防风固沙，保护农田，调节气候，减少或防止空气或水质污染，美化、保护和改善流域的生态环境，从而改变农业生产的基本条件，保证和促进农业高产稳产。

1.6　旱涝灾害与减灾研究进展

我国对于旱涝灾害的防灾减灾措施历史悠久。从古代开始，人们就有了防灾减灾的策略。通过长期的观察实践，人们逐渐地探索出了旱涝灾害发生的规律，总结出了一些有效可行的防灾减灾办法。首先通过观察和积累总结出了较为准确的预测方法，如《礼记》中记载了对旱涝灾害的预测："孟春行夏令，则雨水不时；行秋令则暴雨忽至；行冬令则水涝为败。季春行夏令，则时雨不降，行秋令则淫雨早降。"这段记载清晰地预测了在春季由于风向不同，降水会在不同时节出现明显差异，体现了我国劳动人民的聪明智慧。除了预测以外，人们还修建了大量的水利治灾工程，通过人为的干预，减少洪涝灾害的发生，使当地变得风调雨顺、国泰民安。如先秦时期李冰在四川岷江流域主持修建的都江堰，不仅减少了当地的洪水泛滥，还使得巴蜀之地从此"水旱从人，不知饥馑，时无荒年，天下谓之'天府'也"。成都平原在都江堰的灌溉下成了沃野千里的天府之国，并泽被后世，一直到今天都江堰仍然兢兢业业，造福成都平原。除都江堰之外，郑国渠、灵渠等都是我国古代劳动人们的智慧结晶，为防灾减灾做出了巨大贡献。

近年来，随着社会经济水平的飞速发展，科技水平的不断提高，对于旱涝灾害的防灾减灾措施也逐渐多样起来。2018年中华人民共和国应急管理部的成立，有效地整合了我国防灾减灾工作和资源，标志着我国综合防灾减灾的巨大进步。随着经济迅速发展，经济全球化进程进一步提升，城市化水平不断提升，我国开启了全域－全民－全时多维的安全发展路线，保证了我国在飞速发展的同时，更加健康安全、高质量的发展。近年来我国建立了先进的综合气象灾害监测预报预警体系。首先建立了全覆盖立体化的气象灾害监测网络，大力发展了多种气象观测手段，在原有传统的气象灾害监测基础上，进一步提高和发展了卫星监测、高性能无人机观测、高空探测、地面观测、海岛气象站、船舶自动站、海洋气象浮标站、海洋探测基地、港口监测、海上气象监测应急艇等涉及海、陆、空三领域的多种气象观测手段，形成了网络式、立体化、多方联合的全过程观测系统，有效提升了我国综合气象防灾减灾的预警能力，并推动和支撑实现全球观测、全球服务、全球治理和全球创新的防灾减灾发展理念。同时建立了国家突发事件预警平台，汇集了多个部门各级政府能及时接收并有效利用气象灾害预警信息，促进了预警信息发布机构与政府应急管理部门、突发事件应急处置部门之间的联动协同，加强了信息及时的共享，加快了国家的预警速度。为了加强全球气象服务和灾害监测平台建设，建成了天基、空基、地基三位一体的全球气象灾害立体监测网，发射的多颗"风云"极轨卫星和静止卫星组成了卫星组网观测，不断拓宽地面监测站网的监测范围，减少气象灾害监测服务的盲区。我国还不断加强气象防灾减灾的保障能力，不断完善综合气象防灾减灾组织和应急体系，各级政府制定相应的气象应急准备制度，气象信息员村覆盖率达到99.7%，建设完成全国智慧气象信息员平台，同时加强气象灾害决策服务智能化水平建设，推进决策服务、预警发布等工作从零散化、纸质化向集约化、智能化和现代化发展，提升我国旱涝灾害防灾减灾速率(孔锋 等，2019)

1.6.1 干旱灾害与减灾研究进展

近年来干旱灾害的出现频率较高，而且影响范围较广，是目前最严重的气象灾害之一。干旱问题是政府间气候变化专门委员会(IPCC)所关注的热点之一。2003年11月在美国图森联合召开的干旱气候研讨会曾指出，出于对未来气候的考虑，尤其需要知道过去究竟有哪些时期气候干旱、发生过哪些重大的干旱事件和为什么发生等问题。由于我国干旱情况严重，2003年国家防汛抗旱总指挥部提出了防汛抗旱"两个转变"的战略指导思想，即由控制洪水向洪水管理转变，由单一抗旱向全面抗旱转变。2005年，在国家防汛抗旱总指挥部办公室的建议下，中国水利水电科学研究院防洪抗旱减灾研究所(水利部防洪抗旱减灾工程技术研究中心挂靠单位)设立了抗旱减灾研究部门，开始专门研究抗旱减灾相关技术问题。2016年7月28日，习近平总书记在河北唐山考察时提出了"两个坚持""三个转变"的新时期防灾减灾新理念，就是要坚持以防为主，防抗救相结合，坚持常态减灾与非常态救灾相统一，从注重灾后救助向注重灾前预防转变，从应对单一灾种向综合减灾转变，从减少灾害损失向减轻灾害风险转变。为了加强抗旱减灾的能力，及时高效地掌握干旱地发展过程和旱情，为采取及时、有效的抗旱减灾措施提供决策依据，国内外研究者一直致力于如何更客观、准确、定量地监测评估干旱。最初通过构建以降水或蒸发为主要因素的干旱指标，来刻画描述干旱灾害，如 Munger(1916)指标、Kincer(1919)指标、湿度适足指数(Jadhav et al.,2015)等。随着科学技术研究的进步发展，衡量干旱的指标在不断更新换代，出现了如标准化降水指数(Mckee et al.,1993)、综合气象干旱指数(闫桂霞 等,2009)、条件植被指数(Jiao et al.,2016)等更加灵活综合的评价指标。更多的国内外科研工作者将更多的创新技术和方法运用于干旱的防灾减灾中，如 Andreadis等(2005)将图像识别方法引入到干旱面积识别中，进一步提出了 SAD(Severity-Area-Duration)曲线来刻画干旱的时空变化规律；许凯(2015)提出了基于干旱历时、干旱面积、干旱烈度、干旱强度和干旱中心位置 5 个特征变量的干旱事件度量方法，实现了对干旱事件时空变化过程的三维完整刻画；谢平等(2016)对不同环境条件下形成的非一致性干旱序列进行频率计算开展研究，提出了基于 WHMLUCC 模型的非一致性干旱频率分析方法。

随着人类对自然环境认识的不断深入和现代科学技术的飞速发展，多种科学研究方法如主成分分析法、层次分析法、回归分析法、时间序列法、马尔科夫过程、灰色系统和人工神经网络等，被应用于干旱灾害的预测和预报中。Barros 等(2008)通过主成分分析、小波分析等方法，建立分析模型对澳大利亚东南部干旱进行长期预测。Paulo 等(2005)通过回归分析法来进行干旱的监测和早期预报。邓丽仙等(2008)根据灰色系统理论和建模原理，建立了干旱灰色预测 GM(1,1)模型，利用建立的干旱预测模型对滇池流域干旱灾害进行预测。

目前，国内外先进的干旱灾害风险管理有两大发展趋向：一是对干旱灾害的发展过程进行管理。通过自然科学与社会科学之间的交叉融合，结合自然地理环境和人类社会活动，对干旱事件和人类活动进行双侧管理；二是强调干旱灾害全方位的精细化管理。通过科学技术的进步发展进行干旱预测、旱情预报预测、旱灾风险评估及调控等的全方位一系列管理。在抗旱减灾技术上，加强抗旱工程与其他工程相结合、遥感和地理信息技术、抗旱节水技术等方面的深入研究，提高防旱抗旱减灾能力和水平。

近 20 多年来，我国积极推动干旱监测评估技术应用，及时监测干旱灾害，极大地减少了干旱带来的经济损失。自 1995 年起，中国气象局国家气候中心研发的“全国旱涝气候监测、预警系统”，利用标准化降水、相对蒸散量和前期降水量等为基础的综合气象干旱指数 CI 对全国范围内的干旱天气进行逐日监测，同时结合数值预报产品对未来一周气象干旱的演变发布预警信息。国家防汛抗旱总指挥部办公室主持的国家防汛抗旱指挥系统工程，目前已实现基于实时雨情、水情数据和抗旱统计上报数据的旱情监视，同时建立了水利部旱情遥感监测系统，可以提供不同监测尺度、不同频次、不同类型的旱情遥感监测产品。

我国北方气候近年来有变暖的趋势，降水由湿润向干旱转变，在过去 30 年中，我国内蒙古、西北和东北地区的干旱情况显著加重，辽河平原、海河平原、黄土高原、四川盆地和云贵高原，形成了一个干旱带区域，干旱发生的频率显著增加。为了应对干旱对农业生产的影响，可以通过加强水利设施建设、蓄水工程建设和调整农业结构、跨流域调水等措施，减轻干旱灾害对农业生产的影响，在西北地区还可以因地制宜地实行农林牧相结合的生态产业结构，改善农业生态环境，减轻和避免干旱的威胁。在农业耕作区可以改进当地的耕作制度，改变作物构成，选育耐旱品种，充分利用有限的降雨。此外，灌溉时，利用现代技术和节水措施，例如进行人工降雨、喷灌、滴灌、地膜覆盖以及暂时利用水质较差的水源也能减少干旱灾害带来的损失。

1.6.2　洪涝灾害与减灾研究进展

洪涝灾害的减灾研究主要是通过多种先进的技术手段，加强对洪涝灾害风险区的分析和评价，以使对未来洪涝灾害进行预测。万昔超等(2017)将云模型和GIS平台集合起来，最终得到灾害风险综合指数结果图；程先富等(2015)将有序加权平均法(OWA)与GIS技术集合，构建OWA-GIS评价模型，并且应用GIS空间分析技术构建洪涝灾害风险评价模型，对巢湖流域洪涝灾害风险进行评价，模拟灾害发生情景，为防洪减灾提供科学依据；黄河等(2015)利用多智体模型对洪涝风险动态评估理论进行研究，并对淮河暴雨洪涝灾害孕育过程进行模拟；卢珊等(2015)采用距平分析、Mann-Ken-dall检验等以及基于信息扩散的模糊数学方法对秦岭北麓汛期暴雨洪涝进行了气候变化特征分析及灾害风险评估。此外，人们还利用遥感技术对洪涝灾害进行多时段、多范围监测，段光耀等(2012)以松花江流域为研究区，通过利用HJ-1卫星影像提取的水体淹没范围，对风险评价结果进行验证，反映松花江流域洪涝灾害的综合风险；高伟等(2018)利用MODIS地表反射率产品和DFO达特茅斯洪水数据库等遥感数据进行淹没范围的动态监测；杨秀春等(2002)应用分形理论计算了各流域洪涝的分维，分析预测了不同流域的洪涝情况；徐天群等(2001)利用可以反映超标洪水风险的极值分布模型，对丹江口水库初期规模(现状)下经还原和调洪后的洪水序列分别进行拟合，再由柯尔莫哥洛夫检验得出最优模型，求出超标洪水风险率；张欣莉等(2000)利用遗传算法的参数投影寻踪回归对洪涝灾害进行预测；冯利华(2000)通过人工神经网络，建立了基于神经网络的洪水预报系统。国际上，以美国和欧盟为代表的国家与地区正在稳步推进洪水灾害风险管理制度工作的完善，国内的洪水灾害风险管理制度也不断地建立与完善，旨在为防洪减灾做出贡献。

遥感技术在洪涝灾害的灾前预警预报、灾中的灾情监测和损失评估及安排救灾、灾后减灾与重建中都具有很大的应用潜力(孙绍骋，2002)。遥感和GIS结合后将有助于解决洪涝灾害减灾的两个核心问题，即快速而准确地预报致灾事件，对灾害事件造成灾害的地点、范围和强度的快速评估。预报的改进取决于对灾害事件及其机制的更加确切的了解，而灾害的监测评价基于地球观测系统的完善，必须使信息的获取既迅速又准确。

20世纪90年代以来，我国洪涝灾害迅速增多，危害加重，破坏损失达历史最高水平，防灾抗灾空前困难，1998年南北特大洪水是这种特征的重要标志。目前，我国洪涝灾害趋势仍然十分严峻，不但长江流域有发生更大洪水的可能，而且黄河、海河及其他江河洪水威胁也很严重。随着我国暴雨日数的增多，对于暴雨洪涝灾害的预防，可采取一些综合性的防灾减灾措施。首先，水利工程建设可明显降低暴雨洪涝灾害带来的经济损失，如长江三峡水利工程、葛洲坝水利工程等；其次，洪涝民生设施的建设也可以在一定程度上减少暴雨洪涝灾害的影响；最后还可以通过暴雨洪涝灾害的预警，提前做好应对灾害的准备工作，同时做好预防工作，在洪涝灾害多发地针对性地建设一些相应的挡水工程、预防工程，减少突发暴雨洪涝带来的经济损失。强化数据资源利用和信息服务为基础，提出高效智能的防汛减灾应急管理平台设计思路，为进一步应对各种洪涝灾害及相关自然灾害提供借鉴，同时可以通过遥感卫星、GIS等先进的技术手段对灾害易发区进行实时监控、预警、精细化预报，减轻暴雨洪涝灾害突发对人民生命及财产安全造成的危害。

第2章　旱涝灾害的形成与影响因素

2.1　旱涝灾害的形成机理

2.1.1　干旱灾害的形成机理

干旱主要发生在气候干旱少雨的地区。气候干旱、降水稀少、大风日数多、夏季气温高蒸发量大都会导致该地区出现旱灾。现代城市中,由于人口稠密、工农业发达、生产生活需水量大、水污染严重、水资源利用率低、浪费严重也会导致干旱灾害发生。近年来,随着全球变暖,各地气候出现异常变化,局部地区会出现降水量骤减、河流干涸断流的现象。我国易发生旱灾的地区集中在华北地区,由于我国华北地区春季气温回升快,蒸发较强,夏季风势力微弱,无法形成大规模降水,同时春耕需水量大,容易出现春旱灾害,影响当地人民的生产生活。

2.1.2　洪涝灾害的形成机理

大部分河流分布于季风气候区,多流经湿润地区,降水充沛,补给充足,干流汛期长,河流水量大,下游河道蓄洪压力较大;对于易暴发洪涝灾害的河流如长江,流域面积广阔,支流众多,在流水的冲刷堆积下,中下游多为地形平坦的冲积平原,河道弯曲,水流不畅,在多雨的时节无法及时通畅的调蓄洪水,并且河流中上游由于人为原因过度砍伐,植被破坏严重,水土流失加剧,含沙量增大,整个流域内涵养水源、调节径流、削峰补枯能力减弱,大量泥沙涌入河水,随着地势逐渐平缓,淤积抬高河床,使河道泄洪能力降低;再加上人们围湖造田,在河道中大量倾倒垃圾,大量围垦和拦截地表水流,导致湖泊面积萎缩,失去对洪水的调蓄容积,河湖调蓄洪水能力下降,增加了洪涝的发生频率和严重程度。所以在气候异常,降水突增的年份,流域内普降暴雨,容易发生河水泛滥的河流洪涝灾害。我国的洪涝灾害多发生于长江流域。

2.2　旱涝灾害的影响因素

气象灾害主要受气候特征、地理位置、特定的地形地貌以及经济社会和人口分布等因素的影响。20世纪90年代以来,在以全球变暖为主要特征的气候变化背景下,全球气象灾害明显增多,对经济社会发展的影响日益加剧。气候作为人类赖以生存的自然环境的一个重要组成部分,它的任何变化都会对自然生态系统以及社会经济的可持续发展产生巨大的影响。气温和降水的变化,会引起干旱、洪涝、低温冻害或持续高温等灾害性天气。

我国旱涝灾害危害严重，发生频繁，主要是由于我国地处亚欧大陆东岸、太平洋西岸，背靠世界上最大的大陆，面朝世界上最大的大洋，海陆热力性质差异异常显著。受海陆热力性质差异的影响，陆地和海洋将原本条状分布的气压带切割呈块状，影响着大气环流。冬季时，我国受蒙古高压的影响，在水平气压梯度力的控制下，空气由陆地上空的蒙古高压吹向海洋上空的太平洋低压，形成偏北风，引导强冷空气爆发南下，形成寒潮，影响我国大部分地区，有时干旱的冬季风会导致内陆地区干旱少雨。夏季时，由于海洋陆地的比热容差异，我国内陆受亚洲低压控制，海洋上空受阿留申低压控制，在水平气压梯度力的驱动下，空气由北太平洋高压西北部吹向我国大陆，形成影响我国气温和降水的夏季风，夏季风温暖湿润，伴随着强烈的上升运动和丰沛的水汽会在我国东部季风区形成大范围的暴雨，容易引发洪涝灾害。对于东部沿海地区来说，位于太平洋西岸，当太平洋热带气旋中心夏季移动到我国沿海地区时，时而发生的台风容易给沿海地区人民造成严重危害。近年来，随着全球气候变化异常，厄尔尼诺和拉尼娜等天气事件导致西太平洋副热带高压位置和强弱异常，会引起我国不同地区发生干旱灾害。

2.2.1 干旱灾害的影响因素

干旱灾害发生和发展的过程具有时间和空间不确定性，气象干旱发生到一定程度会向农业干旱传递，而农业干旱灾害风险受多因素控制，主要受不稳定季风气候及地形高差的影响较为严重。气象原因：长时间无降水或降水偏少等气象条件是造成干旱与旱灾的主要因素。地形地貌原因：地形地貌条件是造成区域旱灾的重要原因。水源条件与抗旱能力不足：旱灾与因水利工程设施不足带来的水源条件差也有很大关系。人口因素：由于人口持续增长和当地社会经济快速发展，生活和生产用水不断增加，造成一些地区水资源过度开发。水资源有效利用率低：西南地区降水较多、不缺水，其农业用水、工业用水和生活用水的有效利用率与国内常年缺水地区相比有明显差距。

2.2.2 洪涝灾害的影响因素

河流洪涝灾害主要是由于自然因素和人为原因的共同作用造成的。自然因素方面主要受气候因素和地形地貌因素影响较为显著。

受气压带和风带的影响，在季风气候控制下，降水时空分布不均，多集中在夏季风强劲的夏季，这时暴雨量集中，雨量大、影响时间长，极易引发洪涝灾害。沿海地区受海洋暖湿气流影响，气候以海洋性气候为主，夏季容易出现台风、暴雨洪涝、大风等灾害性天气。我国大部分地区受季风气候的控制，降水时空分布不均，多集中在夏秋季节。集中的暴雨容易导致河水暴涨，形成洪涝灾害。

一些特殊的地形地貌与同纬度其他地区相比，更容易发生洪涝灾害。河流的中下游地区，由于长时间的堆积冲刷，河道两岸地势低平开阔，河道弯曲，不易排水；河道两岸的冲积平原土壤肥沃，农民大范围地开荒种地，缩小了河道的范围，减弱了河流的排水蓄洪能力，所以在河流的中下游，当暴雨突降、水位大涨时，由于河道狭窄、排水不畅，极易发生洪涝灾害。我国山地面积广大，山区面积占全国国土总面积的2/3，山区是洪涝灾害的多发地。山区由于地形的原因，海拔较高，对气流的阻挡作用明显，气流向上爬升，易发生地形雨。当降雨量过大时，雨水会夹杂着山坡上的泥土和碎石快速流下，形成规模较大、危害性强的山洪，容易引起滑坡、泥石流等灾害，严重威胁山区人民的生命财产安全。

除此之外，不同地区经济发展水平不同，受人类活动的影响，也会导致洪涝灾害发生。城市人口增加和建筑规模扩大之后，地表被房屋水泥等覆盖，不透水地面增加，雨水不能渗入地下，导致地表径流汇流速度加快，径流系数增大，峰现时间提前，洪峰流量成倍增长。其次，由于人类活动，城市热岛效应增强，使得城区暴雨频率增加，强度加强，加大了洪涝灾害发生的概率。此外，城市排涝设施建设不及时，城郊的行洪河道变成了市内排污沟，再加上河道清淤不利，加重了洪涝灾害的成灾因素。

2.3　旱涝灾害的发生过程

2.3.1　干旱灾害的发生过程

西北干旱区是我国干旱灾害危害较严重的地区，主要分布在我国的内蒙古高原、塔里木盆地和准噶尔盆地等地区，这里地广人稀，生态条件恶劣，陆地面积占全国总面积的30%，但人口只有全国总人口的4%。这里深居亚欧大陆内部，距海较远，受夏季风影响较小，来自太平洋的暖湿气流受高大山脉的阻挡，难以深入，气候干燥。同时青藏高原因亚欧板块与印度洋板块相互挤压而抬高，阻挡了来自印度洋的暖湿气流，所以这里终年受大陆气团控制而降水稀少、气候干旱。这里生态脆弱，植被大部分为荒漠，一部分为草原，土壤大部分是在荒漠植被和草原植被发育下的贫瘠土壤，有机质含量极低，生物种类稀少，植被涵养水土的功能非常弱。这里大部分地区属于内流区，河流短小，湖泊多以咸水湖为主。干旱的气候、贫瘠的土壤使得这里生态脆弱，极易发生干旱灾害。

我国北方的华北地区在冬季和早春也容易发生干旱灾害。北方地区的降水很大程度上取决于来自海洋水汽的供应。每年11月以来，来自于印度洋、热带太平洋的水汽输送渠道基本上被切断，所以没有有效的水汽输送到北方地区，很难产生有效的降水。一些大气环流的异常使整个中国大陆受到了高压系统的控制，在海洋上副热带高压系统基本上偏弱、位置更加偏东，这样使得海洋上的水汽无法有效送到大陆上来。同时，冬季和早春多大风天气，降水量小于蒸发量，空气中水分含量很低。从长期背景上看，华北地区最近这几十年来也特别容易发生干旱，降水基本上处于长期偏少的时期。冬季降水基本上处在长期偏少的趋势当中。所以华北地区的干旱也是在长期气候背景上产生，和气候变化也有一定的联系。

2.3.2　洪涝灾害的发生过程

夏涝是中国的主要涝害，主要发生在长江流域、东南沿海、黄淮平原。在我国大部分地区，冬季受到北方的西伯利亚冷气团的控制，气候通常严寒而降水极少，空气比较干燥；夏季通常会受到沿太平洋北上暖湿气流的影响，降水多；春季风比较多但是比较干燥；秋季的降温比较快温差也比较大，多年降水量在580 mm左右。降水量在年内分配不均匀，导致降水集中在7—9月这3个月，这3个月降水量会占整年度的70%，此期间如果遇到高强度的暴雨或受到台风影响导致的连续降水过程就容易引起洪涝灾害，而秋冬季温度低，蒸发量小，秋季雨水下渗到地下水冻结成固态，和冬季降雪一起在春天回暖时就会形成春涝。

夏涝是中国的主要涝害，主要发生在长江流域、东南沿海、黄淮平原。这些地区受季风气候的影响降水量丰富，河流补给充足，干流水量很大，极易发生洪灾。同时河流上游流域的植被破坏严重，中游围湖造田，造成河流排泄洪水能力下降。所以在降水充沛的季节，容易发生洪涝灾害。

秋涝多为台风雨造成，主要发生在东南沿海和华南地区。台风一般发生在低纬度海区，台风在发生时，会对沿海地区的人们造成严重的财产损失。台风登陆时会伴随着暴雨、大风天气，大风会摧毁树木和建筑物，伴随着大风可能会产生150～300 mm的降雨，少数台风能直接或间接产生1000 mm以上的特大暴雨，造成严重的洪涝灾害。

第3章 旱涝灾害产生的影响分析

3.1 旱涝灾害致贫

21世纪的全球经济处于快速发展阶段，许多国家和地区人民生活水平得到质的提升，但还是有部分国家和地区经济增长迟缓甚至出现经济下滑。除去局部冲突、战争、政权不稳定等人为因素，导致该现状的主要原因还是气象灾害因素，因气象灾害而导致贫困所带来的直接经济损失，以及因气象灾害使人民生计难以为继而引发社会不安定等消极影响所带来的间接经济损失。此外，解决全球范围内的极端贫困问题与因缺乏食物而引发的饥饿问题被确立为联合国的"千年发展"计划中的首要目标，世界范围的贫困问题愈显严峻。

中国拥有着地球上1/5的人口，是世界上最大的发展中国家，国民经济总量高，国内生产总值(GDP)排名位列世界第二，但人均经济水平属于世界中等水平，在经济发展的道路上还有许多路要走。我国经济发展分布不平衡，总体表现为东、南部地区经济增长快于西、北部地区，其中一些地区因自然地理位置的局限、气象灾害的频发，导致经济增长缓慢，人民生活水平未得以显著提升。我国是全球范围内受气象灾害负面影响最大的国家之一，受季风气候和海陆位置的影响，旱涝灾害对国内大部分地区影响范围广泛，制约着我国国民经济的可持续发展。气象灾害也会带来一定基数的贫困或返贫人口，不利于我国2020年全面建成小康社会战略目标的实施，不利于扶贫减贫工作有效和顺利的开展，阻碍共同富裕目标的实现。

我国现阶段贫困人口基数还较为庞大，在国家和政府的精准扶贫政策下，虽然贫困人口数正在急剧缩减，但因各种因素导致脱贫后返贫的问题仍是我国脱贫攻坚战的一大阻碍。在诸多的致贫因素中，气象灾害是一主要因素，因它而引发的贫困和返贫问题仍然突出，不同地区导致贫困和返贫问题的气象灾害各不相同，但就灾害的波及范围及力度而言，洪涝和干旱灾害对人民财产收入的影响在各种气象灾害中居于前列。中国幅员辽阔，所跨越气候带类型广阔，地形复杂多样，使我国成为世界上旱涝灾害多发的国家之一，陕西省位于中国内陆腹地地区，全省由北至南主要分为三大地貌区，各地区气候差异较为显著。北部陕北黄土高原年降水量少，极易发生干旱灾害；南部陕南秦巴山地海拔差异大，年降水量多，极易发生洪涝灾害；中部关中平原位于陕北和陕南的过渡地区，是旱涝灾害发生较为频繁和剧烈的地区。宝鸡市位于关中平原西部，是关中平原上的气象灾害频发区，全市境内降水分布极为不均匀且大多集中在夏季，旱涝灾害是地区内最为主要的气象灾害。

3.2 旱涝灾害对城市的影响

在全球气候变化背景下，旱涝灾害已经成为制约人类生存环境和社会经济发展的重要因素，因而一直是气象学界关注的焦点之一。已有的研究表明，气候变化、人类活动和城市化进程的加速与旱涝灾害的加剧有着直接而密切的联系，城市化进程中人口的迅速聚集和下垫面的快速变化导致城市环境的脆弱性潜势不断增加。相比其他研究领域，如农业气象灾害，城市气象灾害还有很多工作要做，探索城市气象灾害的演变过程，寻找其与城市环境脆弱性的内在联系，对于城市气象灾害的学科建设、城市气象灾害防灾减灾政策制定、城市气象灾害科普宣传等都具有重要意义。在全球气候变化和城市化进程加快的背景下，城市气象灾害及其影响越来越突出，呈现与传统气象灾害不一样的特征和演变规律。国内外都非常重视城市气象灾害的研究，强调气候变化的驱动和多学科综合研究是一种趋势。中国城市气象灾害有暴雨和高温热浪等多种类型，对城市的社会、经济等方面产生了重要影响，因此很多学者十分关注城市气象灾害及其城市经济和社会影响研究。随着新型城市气象灾害潜在风险的增加，城市气象灾害引致城市环境的脆弱性和人文社会学科引入城市气象灾害研究，将是城市气象灾害研究中的新兴领域，中国未来城市气象灾害研究也需要引起更多关注。

城市暴雨灾害是比较常见的一种城市气象灾害。由于城市地表基本硬化，所以暴雨容易造成城市低洼地区积水，排泄不及时就会造成内涝，进而导致城市部分路面交通瘫痪、相关企业停产，严重时低洼地区未及时转移的大量物资会浸泡受损。如果浸泡时间过久，还可能导致城市道路、输电线路等基础设施毁坏，城市物流及水电中断等。城市内涝是由于降雨强度大，雨水汇流到城市低洼地带，积水不能及时排出而造成的气象灾害。内涝灾害发生时，交通受阻，房屋进水，影响了市民的工作与生活，严重时可造成重大人员伤亡。20世纪80年代以来，我国年降水强度出现了较明显的增多趋势。进入21世纪后，我国1 h最大降水量呈上升趋势，极端降水事件频发。1 h降水量是反映降水强度的重要指标，且强降水发生的时段多处于人员流动较多的时间段内，此时发生的城市内涝易造成交通拥堵等，对城市居民生活产生较大影响。我国城市的极端强降水事件在20世纪90年代以来降水增加的趋势下呈现出增加的趋势，加上城市规模的不断扩大，引起城市下垫面发生较大变化。城市地面大多数地方硬化，导致地面的渗透性、滞水性发生了变化，而城市排水系统跟不上城市建设发展的步伐，城市内涝日趋严重。城市暴雨灾害的影响是多方面的，其直接危害是影响城市正常运转和居民正常生产生活，造成巨大的经济损失和人员伤亡。如2011年6月9—24日，武汉出现了5场特大暴雨，主要城区平均降雨量达到417.7 mm，造成市区大范围积水，车道变成了“河道”，城市交通大范围中断。又如2012年7月21日，北京持续降暴雨4 h，平均降水量达117 mm，城区多处积水严重，机场和市内交通全面瘫痪，大量汽车浸泡，79人因灾死亡。城市暴雨灾害在我国各大中城市都有出现，其发生频率呈现增加态势。

在气象上把日最高气温≥35 ℃称为高温，高温是比较严重的气象灾害之一。高温酷热天气既会给人们的生活和工作以及身体健康带来诸多不利影响，还可造成供电负荷增加、城市供水紧张等。由于城市规模的扩大和城市下垫面的改变，城市热岛效应明显，对城市高温热浪起着推波助澜的作用。由于城市的快速发展，探测环境不断遭到破坏，20世纪90年代以来，我国年平均气温出现了明显的上升，且上升幅度较大，进入21世纪后尤其明显。我国年平均气温变化还受到城市规模扩大后“热岛效应”的影响。城市“热岛效应”是城市气候中典型的特征之一。它是城市气温比郊区气温高的现象。城市“热岛”的形成一方面是在现代化大城市中，人们的日常生活所发出的热量；另一方面，城市中建筑群密集，沥青和水泥路面比郊区的土壤、植被具有更小的比热容(可吸收更多的热量)，并且反射率小，吸收率大，使得城市白天吸收储存太阳能比郊区多，夜晚城市降温缓慢、比郊区气温高。正是由于全球大背景下的气候变暖与城市“热岛效应”共同导致了我国城市内高温热浪现象的加剧。全球气候变化导致极端气象事件频发，与城市低温冰冻灾害对应，城市高温热浪灾害出现频率增加，造成的损失也在扩大。持续高温天气下城市居民大量使用制冷设备，城市供电系统往往长时间超负荷运行，极易造成城市供电紧张，停电事故增加，同时引发火灾隐患。此外，高温天气还会威胁到城市居民的身体健康和生产生活，对于驾驶员是一种潜在危害，容易导致疲劳驾驶和爆胎而引出事故。南京在 1988 年 7 月 4—22 日，市区持续高温，中暑病人达到 4500 人，其中重症病人 411 人，死亡率高达 30.2%。2003 年，同样在南京发生了持续 40 多天的罕见高温，7 月 29—30 日，南京市持续停水近 28 h，百万居民饱受酷暑摧残。

3.3 旱涝灾害与交通事故

干旱、洪涝灾害影响交通的气象要素主要是降雨和高(低)气温等，但又因地理位置不同，各城市交通事故受旱涝灾害的影响也不同。以我国南北方城市丽水市和白山市作对比分析，浙江省的丽水市处于中亚热带，季风影响显著温暖湿润，雨量充沛，年总降水量可达 1400 mm 左右，四季分明，发生交通事故的百分比为晴天占 64.95%，雨天占 20.62%；而位于我国北方吉林省的白山市在晴好天气下的交通事故占 44.0%，雨天为 27.8%。由此可见，各地方由于所处的地理位置不同，旱涝灾害所引起的交通事故比例也是各不相同的。

降雨对交通的影响是引起路面打滑。由于雨水的浸润，特别是因路面降温而引起的路面结冰导致路面摩擦系数减小，使汽车制动距离增加，侧滑可能性增加，方向控制失灵而危及行车安全。同时降雨导致能见度不良，从而加重了对公路交通的影响。降雨天气对交通的影响与强度以及降水量的大小有密切关系。一般地说，降水强度越强、量级越大，对路况和车辆正常行驶产生的影响也就越大。比如暴雨期间能见度大大降低，气刮雨器常常无法及时刮尽挡风玻璃上的雨水，从而造成司机视线模糊影响驾驶员视线；另外暴雨对交通设施起到了直接的破坏作用；其次，暴雨常伴有雷电，形成雷雨天气，司机和车辆易遭雷击。降雨天气是影响公路路况最频繁的气象因素，常引起交通事故。

3.4 旱涝灾害与地质灾害

城市地质灾害与旱涝灾害之间的关系十分复杂，是岩石圈与大气圈两大圈层交互作用的结果。有些地质灾害可以看作是气象灾害的次生或衍生灾害，但也有一些地质灾害可以诱发局地的气象灾害。有些地质灾害与气象灾害具有群发现象，但其相互关系还不清楚。

3.4.1 旱涝灾害与地震

破坏性地震是最强烈的一种地质灾害，由地质板块相互挤压和碰撞所释放的能量远大于一般的气象灾害。但地震发生之前往往存在一些气象异常现象，特别是持续的严重干旱。有些地震在发生之后还会出现强降雨或强降温天气。发生在山区城镇的强烈地震会引发大量的滑坡、泥石流等次生地质灾害，从山坡崩落或滑塌的土石填淤山间河谷往往形成堰塞湖，将河流的水位抬高，一旦溃决，洪水沿峡谷直泻可造成毁灭性的破坏。1933年8月5日，四川茂县发生7.5级地震，使叠溪古城毁于一旦。地震中的山体崩落土石顿时形成了三大埝坝，导致岷江的主流断流，回水倒流使水位上升300余米，淹没大片农田和房屋，并形成大小海子11处。震后一个多月，岷江上游阴雨连绵，江水骤涨，各海子湖水与日俱增。10月9日19时，叠溪海子瀑溃，积水倾泻涌出，浪头高达20丈，壁立而下，浊浪排空。急流以30 km/h的速度急涌茂县、汶川，下游的岷江各县也接连遭灾，据不完全统计，死亡人数在2500余人。2008年5月12日汶川8级地震之后同样出现多次降雨，形成了34个堰塞湖，其中规模最大的唐家山堰塞湖至6月10日已积聚数亿立方米水量。为确保人民生命财产安全，下游绵阳市紧急疏散了15万人，经武警部队顽强奋战，至6月18日险情才基本排除。水土流失主要包括水蚀和风蚀，我国的黄土高原是由西北沙漠、戈壁的沙尘沉降形成的，冬春的干旱使表土干燥而疏松，进入雨季突降暴雨，可以引发严重的水土流失。水土流失以初夏为最严重，因为这时的植被还不能充分覆盖，而表土仍然十分疏松，降雨的强度越大，冲刷和流失就越严重。

3.4.2 洪涝灾害与滑坡、泥石流

滑坡、泥石流等地质灾害的发生发展受多种因素的影响，如地震、火山、河流冲刷、融雪、降雨以及修建水库、灌溉等人类活动。其中降雨是主要诱发因素，据统计，由局部地区暴雨引发的滑坡、泥石流等灾害要占这类灾害总数的90%甚至95%以上。我国多数地区的滑坡、泥石流灾害有夜发性的特点，这一方面是由于山区的暴雨以发生在夜间的居多，另一方面是由于夜间人们熟睡之际，对突发的灾害往往措手不及而加重危害。

由暴雨引起的滑坡、泥石流一般还具有群发性和链生性特点。一次暴雨过程往往可以同时引发多处滑坡和泥石流，不仅导致水土流失、人员伤亡、淹没农田、毁坏房屋、中断交通、使水库淤积失效，还可污染饮用水源而导致传染病流行。

3.5 旱涝灾害与工矿业生产事故

工矿业中的煤矿业是我国生产事故最频繁和最严重的行业。2001年我国煤矿业事故百万吨煤死亡率为世界主要采煤国死亡总人数的4倍以上，为美国的126倍和印度的10.1倍。其中乡镇煤矿是国有煤矿的2.9倍。但2006年事故比上年减少了10.9%，死亡人数下降20.1%。主要事故有瓦斯爆炸、突水、冒顶塌方、煤尘爆炸、煤矿火灾和采空区垮塌地震等，这些事故都与气象条件有一定关系。

3.5.1 旱涝灾害与瓦斯、煤尘爆炸

在煤矿事故中，以瓦斯爆炸发生最为频繁，通常要占到煤矿事故发生次数的一半以上。瓦斯的主要成分为甲烷，一般占83.4%～96.5%，当井下空气中的瓦斯浓度达到5%～16%，含氧量下降到12%以下，再遇600～750 ℃的高温或明火时，就可引起爆炸。根据对江西省萍乡市1988—1993年51起瓦斯爆炸的分析中发现，有40起事故发生的前两日内均为高压、冷锋

或静止锋控制。冷锋到来前，通常引起气温升高，气压降低，有利于深层瓦斯涌向工作面。在冷锋经过矿区时，气压处于谷底，使井下瓦斯继续累积，这时地面风向往往突然转换且风速较大，如与通风口方向相逆，会使井下瓦斯不易排出继续积聚直到浓度超限。在高气压控制下，由于风速小，增温快，有下沉气流不利于井下空气上升，瓦斯也容易堆积。降雨多可使井下的地下水位抬高，也有可能使瓦斯聚集于矿坑。调查1970—1992年的127起瓦斯爆炸事故，以6—10月最多，又多发生于16—17时。黑龙江省鸡西市调查了1960—1990年的30起瓦斯爆炸事故，在气压下降到最低以后骤升和最高气温上升到峰值趋于下降之时，瓦斯爆炸最容易发生。矿井中煤块中的可挥发成分越高危险就越大。如水分和灰分含量高到占30%～40%，爆炸性迅速下降。粒度在0.75 μm到1 mm的煤尘均有可能发生爆炸，但爆炸性最强的煤尘粒径是在75 mm以下。发生爆炸的煤尘浓度下限为45 g/m^3 的空气，一般为112 g/m^3，爆炸力最强的浓度是300～400 g/m^3。如井下空气中瓦斯与煤尘的浓度都很高，则发生瓦斯爆炸时，可立即引发煤尘的同时爆炸，危害更大。煤尘爆炸的天气条件与瓦斯爆炸相似，主要靠加强井下通风来解决。

3.5.2　洪涝灾害与矿井突水

矿井突水指地下水突然冒出淹没矿坑，封堵巷道，无法采煤作业，基至导致矿工窒息和死亡的事故，这与地下水的数量与分布有关。未对矿区地下水分布进行必要的勘察、在地下水丰富的地方贸然掘进，容易发生这类灾害。虽然它主要与地下水文有关，但在连降大雨的情况下，更容易发生突水事故。还有一种情况是暴雨引发的山洪，如1972年第3号台风从塘沽登陆后直扑北京，延庆县的一座黄铁矿就曾发生山洪与泥石流灌进矿井，导致10余名矿工死亡的事故。

3.6　旱涝灾害与突发生态环境事故

由于自然过程和人类活动的结果，直接或间接地把大气正常的成分之外的一些物质和能量输入大气中，其数量和强度超出了大气净化能力，以致造成伤害生物影响人类健康。例如，城市区域内的工矿企业、楼堂馆所及家庭炉灶、机动车辆等排放物含有大量的二氧化硫、碳化物及氮化物等物质，使空气污浊，烟雾弥漫，甚至出现酸雨及光化学烟雾等，危害人体健康和动植物的繁育、生长。据调查研究表明，我国大多城市大气污染严重，全国城市大气中总悬浮微粒年平均值为89～849 $\mu g/m^3$，北方城市平均为407 $\mu g/m^3$，南方城市平均为250 $\mu g/m^3$。据估计，全国近53%的城市总悬浮微粒超过国家二级标准，54.5 %的城市大气中二氧化硫超过国家二级标准，全国城市年排放尘埃2400万t，二氧化硫1410万t，酸雨在长江流域的部分城市和地区已相当严重，据1994年对77个城市的统计，pH值低于5.6的占48.1%，81.6%的城市出现过酸雨。少数城市(如兰州)出现光化学烟雾；据日本《每日新闻》报道，中国10年内文物的腐蚀程度相当于日本百年来的腐蚀程度，中国的大气污染已对历史文化遗产造成了严重影响，特别值得注意的是，中国各城市内机动车数量在急剧增长，其排放的尾气在相当长时期内仍有加重城市大气污染之势。大气污染的加剧对人类健康和动植物的生长发育将带来严重危害，使大气辐射性质发生改变，从而影响到大气热状况和相应的运动状况，从长远来看，也会影响到天气气候的变化。大气无国界，大气被污染是全球性的问题，为了把人类居住的星球建成一个环境良好的世界，1992年6月在巴西里约热内卢召开的有100多个国家参加的环境与发展会议，讨论并签署了“气候框架”和“保护生物多样性”等公约。

3.7　旱涝灾害与农业生产损失

根据各地区农事季节特点的差异，本章以我国产粮大省河南省为例，概述旱涝灾害与农业生产损失的相互关系。河南的季节干旱分为春旱、初夏旱、伏旱、秋旱。干旱强度以伏旱为最重，其次是初夏旱。北部春旱重于秋旱，南部秋旱重于春旱。河南的雨涝分为：春涝、初夏涝、夏涝、秋涝。以夏涝次数最多，初夏涝次之，秋涝多于春涝，雨涝强度以夏涝最重，初夏涝次之，秋涝一般重于春涝。

春季，以旱为主，偶有春涝。此期正值小麦、油菜越冬作物进入旺盛生长期，对水分需求量较大，春旱会严重影响其正常生殖与生长。如：小麦抽穗期干旱，会使亩穗头数减少；开花授粉期干旱，会使秕粒数减少；灌浆乳熟期干旱，会使秕粒数增加，最终导致夏粮减产。仲春，是早秋作物播种季节，春旱将造成春播推迟，严重时会影响早秋粮食产量。春涝，多由连阴雨形成。尽管降水强度小，但一般持续时间长，过程雨量达 50 mm 以上，造成农田持水过大，从而影响农作物的正常生长发育。如 1964 年春连阴雨涝，南阳、驻马店两地区小麦减产 50％。

初夏，正值夏播季节，干旱常使晚秋作物播种推迟，其生育期向后延迟，使其灌浆期处于气温较低的天气条件下，灌浆速度减慢，造成减产，同时还会影响下年小麦的适时播种。1965 年初夏旱，全省有 5000 多万亩*秋田不能适时播种，其中有 3000 万亩推迟到 7 月上旬以后才下种；淮河以南地区有 3000 万亩水田改旱作，是年秋粮严重减产。

初夏涝，主要是由暴雨和连阴雨形成。主要影响小麦收打归仓和晚秋作物适时下种。1989 年 6 月上、中旬连阴雨涝，全省约有 7.8×10^{8} kg 小麦生芽发霉。

盛夏伏天，气温高，湿度低，农作物生长迅速，蒸腾、呼吸生理作用剧烈，对水分需求十分迫切。此间干旱对农作物危害特别严重，也是河南省晚秋产量不高的一个重要原因。1986 年伏旱，全省成灾面积达 4100 万亩，其中重灾面积 2700 多万亩，另有 1000 万亩绝收或基本绝收。

夏涝，多由暴雨形成。因暴雨降水强度大、降水量多，常引起山洪暴发、河道漫溢、淹没农田等，造成秋粮减产。

秋旱，直接影响秋作物正常灌浆成熟，影响小麦的适时播种和出苗。1990 年 8 月下旬至 11 月上旬，干旱面积高达 5490 万亩，直至 11 月中旬才完成小麦播种任务，造成小麦播种质量差、缺苗断垄严重。

秋涝，多发生于 9 月，主要影响秋作物后期生长和收获，降低秋粮产量和品质，严重时还会造成小麦播期推迟。

---

* 1 亩＝1/15 公顷(hm^2)，下同。

第4章 旱涝灾害的监测预警与评估

4.1 旱涝灾害的监测

4.1.1 洪涝灾害监测

洪涝是对我国国民经济造成严重影响的主要自然灾害之一。20 世纪 80 年代中期以来，气象卫星多次为防汛部门提供重大洪涝灾害的水情监测信息。每年汛期，国家卫星气象中心利用气象卫星和多种高分辨率卫星资料监测全国范围和七大江河流域的水情变化，近 30 多年来，对各类重大水灾事件多次进行了成功的监测，充分发挥了气象卫星对大范围洪涝灾害的宏观监测作用。尤其在 2020 年我国南方地区发生特大洪涝时，气象卫星遥感水情监测图和由此计算的各县受淹面积统计表成为国务院及防汛指挥部等决策部门及时了解各洪涝区域泛滥范围、面积的重要依据。

4.1.2 干旱灾害监测

干旱的定义很多，约有 150 多种，大体可以分为 4 类：气象干旱、水文干旱、农业干旱和经济干旱。干旱的主要威胁是对作物生长发育过程中因降水不足和灌溉不及时导致土壤含水量过低不能满足作物的正常需水，而造成作物减产的现象。体现干旱程度的主要因子有：降水、土壤含水量、土壤质地、气温、作物品种和产量，以及干旱发生的季节等实际关键的 2 个因素：土壤含水量与作物需水量，因此，利用遥感进行干旱监测的直接目标就是土壤含水量。土壤含水量与土壤热惯量有很好的相关性，热惯量是物质与周围环境能量交换的能力，可以通过对土壤昼夜温差的变化计算土壤含水量。这种方法在裸土时精度较高，但干旱威胁不仅存在种子萌发时期还贯穿作物整个生育期，如何获得植株覆盖下的土壤含水量是监测成功与否的关键。

同时进行高温预警，信号分为 4 级，分别用黄色、橙色、红色和蓝色表示。连续 3 d 日最高气温将在 35 ℃以上，发布黄色预警；24 h 内最高气温将升至 37 ℃以上，发布橙色预警；24 h 内最高气温将升至 40 ℃以上，发布红色预警；48 h 出现最高气温为 35 ℃及以上，发布蓝色预警。

4.2 承灾体脆弱性和易损性分析

4.2.1 承灾体脆弱性分析

我国自然灾害发生频率较高，灾害风险评估成为防灾减灾工作开展的重要基础，而承灾体脆弱性评估则是灾害风险评估中最为关键的部分之一。1981 年，Timmerman 正式提出脆弱性的概念，并将其应用于灾害风险评估中。21 世纪初，联合国政府间气候变化委员会(IPCC)、国际地圈生物圈计划(IGBP)等国际性机构均已将脆弱性研究作为一项重要课题提上计划。脆弱性研究已成为全球气候变化、自然灾害等领域热点关注的对象，并取得以下研究进展：从定性研究逐步向定量研究发展，主要包括基于历史灾情数理统计的脆弱性评估、基于指标体系的脆弱性评估和基于灾损曲线的脆弱性评估。对于承灾体脆弱性评估，早期研究中多以行政区为最小研究单元，数据受到行政界线的束缚，与灾损实际情况差异较大，使得研究结果的说服力和可信度降低，因此有关学者们尝试采用格网 GIS 技术解决此问题，并取得以下研究进展：①在格网化表达方式上，将格网化仍旧理解为数据栅格化，会造成图层边界一定程度的损失；或利用空间内插的方法将统计数据展布到事先划分好的格网上；或认为空间信息格网是一种基于格网技术的分布式 GIS，而不是数据组织形式。②在研究方法上，以人口普查数据为基础，结合海拔、土地利用等对人口统计数据进行空间化处理；利用 DEM 等对人口分布的影响，构建模型反演人口密度空间分布状况；运用生态空间理论和景观格局分析指标，针对荒漠绿洲生态体系，提出区域空间格网化等。

4.2.2 承灾体易损性分析

承灾体易损性研究以国际减灾 10 年为契机，获得重大进展。国际上，Blaikie 等(1994)著书立说，关注了社会对灾害的防御、恢复能力，强调社会结构的易损性。Susan 等(2000)基于社会经济和人口统计数据，开发了自然灾害社会易损性指数(SoVI)，得到广泛应用。Whittle 等(2010)认为易损性与业已存在的社会特征有关，他更强调特殊人群的易损性。国内学者吸收借鉴了国外研究成果，在理论和实践两个方面的研究都取得较大进展。总体来说，国内学者对易损性的研究主要集中在对致灾因子和孕灾环境危险性的分析，对承灾体的易损性缺乏深入研究，并且所作的探讨也多是相对静态的分析评估。

承灾体易损性评估方法。参考《气象灾害风险评估与区划方法》中的定义，将风险载体对灾害的响应程度定义为承灾体易损性，并将其分解为物理暴露、脆弱性和区域防灾减灾能力 3 部分，其表达式为：

$$V_b = E \cdot V_d[\partial + (1-\partial)(1-C_d)] \tag{4.1}$$

式中，V_b 为标准化后的承灾体易损性；E 为承灾体物理暴露度，主要以标准化后的评价指标表征；V_d 为承灾体的脆弱性；C_d 为区域防灾减灾能力；∂为灾害风险中的不可防御部分。

而在评估时常常涉及多个承灾体，如何得到一个综合性的评价指标？参考已有研究，在得到各承灾体脆弱性的基础上，将标准化后的承灾体暴露度与相应的脆弱性权重相乘，并加权求和，得到风暴潮承灾体综合脆弱性指数，公式为：

$$R = \sum_{i=1}^{n} E_i \times V_{di} \quad (4.2)$$

式中，R 为承灾体脆弱性指数；E_i 为各承灾体暴露度的标准值；V_{di} 为第 i 种指标的脆弱性权重，$i=1,2,3,\cdots,n$，为评价指标数量。由于特定区域内的防灾减灾能力不受多个承灾体影响，则承灾体综合易损性也可表达为：

$$V_b = R \times [\partial + (1-\partial)(1-C_d)] \quad (4.3)$$

4.3 旱涝灾害风险评估的方法与技术

4.3.1 旱涝灾害风险指数的计算

气象灾害风险评估是基于定量的角度对灾害发生的形式和强度予以评估。过去认为气象灾害风险形成是致灾因子、孕灾环境、承灾体和防灾减灾能力4个因素综合作用的结果。根据IPCC第五次评估报告对气候变化风险形成过程及制约因素的重新界定，认为某一地区气候变化的风险是经气候变化危害、暴露度和脆弱性3方面相互作用后产生的。因此，可以得出灾害风险指数的计算表达式：

$$F = (\text{危险性}\ H^{wh} + \text{暴露性}\ V^{wv} + \text{脆弱性}\ S^{ws}) \quad (4.4)$$

式中，F 为气象灾害风险指数，表征灾害风险的程度，F 值介于0～1，越大则灾害风险程度越高；H、V、S 分别表征致灾因子危险性、承灾体暴露性和孕灾环境脆弱性，wh、wv、ws 以此表示3个风险影响因子的权重。

4.3.2 指标归一化

自然灾害风险评估及区划评估参数不同，每个因子包含了若干不同量化的指标，由于各个评估因子具有不同的量纲和不同的数量级，无法进行直接的比较，为了使得各个指标之间具有可比性，必须对每个具体指标作归一化处理即统计数据的指数化，从而使每个指标数值都分布在[0,1]区间范围内。

$$Y_{ij} = \frac{X_{ij} - \min_{(ij)}}{\max_{(ij)} - \min_{(ij)}} \quad \text{式中}\ X_{ij}\ \text{为正指标} \quad (4.5)$$

$$Y_{ij} = \frac{\max_{(ij)} - X_{ij}}{\max_{(ij)} - \min_{(ij)}} \quad \text{式中}\ X_{ij}\ \text{为负指标} \quad (4.6)$$

4.3.3 层次分析法

层次分析法是自然灾害区划风险分析研究中较频繁使用的来确定具体参评指标权重的方法之一，是一种基于定性与定量相结合的决策分析方法。一般来说，通过把与决策分析相关性较高的元素分解为3个层级，即目标层、准则层和方案层，然后进行相应的分析决策计算。这种决策分析方法的优点主要有分析过程的系统性、决策方法的简洁性等，但也存在一定的弊端，主要表现为主观性较强，易受到判断者自身在知识层面和情感方面的差异化影响。其主要计算步骤如下：

(1)搭建递阶层次结构。

(2)建立两两比较的判断矩阵。对各指标之间进行两两对比之后，然后按 9 分位比率排定各评价指标的相对优劣顺序，依次构造出评价指标的判断矩阵 A。

$$A=\begin{bmatrix} 1 & a_{12} & \cdots & a_{1n} \\ a_{21} & 1 & \cdots & a_{2n} \\ \cdots & \cdots & 1 & \cdots \\ a_{n1} & a_{n2} & \cdots & a_{m} \end{bmatrix} \tag{4.7}$$

式中，A 为判断矩阵，a_{ij} 为要素 i 与要素 j 重要性的比较结果，关系为 $a_{ij}=\frac{1}{a_{ji}}$，a_{ij} 有 9 种取值，分别为 1/9，1/7，1/5，1/3，1/1，3/1，5/1，7/1，9/1，分别表示 i 要素对于 j 要素的重要程度由轻到重。

(3)层次单排序及总排序。

(4)判断矩阵的一致性检验。如果 $CR<0.1$，则认为该判断矩阵通过一致性检验，否则不通过。其中，随机一致性指标 RI 与判断矩阵的阶数有关，一般情况下，矩阵阶数越大，则出现一致性随机偏离的可能性也越大，其对应关系如表 4.1 所示。

表 4.1　平均随机一致性指标 *RI* 标准值

矩阵阶数	1	2	3	4	5	6	7	8	9	10
RI	0	0	0.58	0.90	1.12	1.24	1.32	1.41	1.45	1.49

4.3.4　德尔菲法

德尔菲法也称专家调查法，是向相关领域专家征询意见并对征询结果进行归纳和整理，对各专家的主观判断进行客观性分析，将不易定量化的指标作出符合实际的估算，对结果进行反复的意见征询和调整后，最终确立各指标权重系数的方法。通常可以基于德尔菲法得到的各指标权重，结合层次分析法等客观方法的初步结果对各指标所占权重进行调整，最终得到各指标的确切权重值。

4.3.5　加权综合评价法

加权综合评价法是在诸多研究过程中使用频率较高的评估方法，主要侧重于对方案、决策等方面进行综合性的评价。依据综合评价的初衷及目的，选取、确定评价指标并构建相关的评价指标体系，然后对评估指标作同向化及无量纲化处理，依据具体指标对特定因子的差异化影响程度来确定相应的权重值，最后根据单项评价值计算综合评价值。其具体公式如下：

$$C_{vj}=\sum_{i=1}^{m}(Q_{uij}W_{ci}) \tag{4.8}$$

式中，C_{vj} 为综合评价因子的总值；W_{ci} 为指标 i 的权重值($0\leqslant W_{ci}\leqslant 1$)；$m$ 为评价指标的数量；Q_{uij} 为第 j 个因子的指标 i($Q_{uij}\geqslant 0$)。

4.3.6　ArcGIS

自 20 世纪 80 年代以来，随着 ArcGIS 技术的发展和应用，其功能和作用日益受到重视，尤其表现在对地理空间数据的采集、储存、处理和分析等方面具有强大的功能，便于对图形进行编辑和处理，能够对下垫面中不同尺度区域的DEM数据、坡度数据和河网密度进行提取、计算。本章基于ArcGIS技术，以县域为研究尺度，通过建立空间数据库，发挥其空间基本功能，然后对空间数据进行查询与量算，运用空间插值法对个别气象测站的缺失数据予以插值，实现属性数据与图形数据相关联，将所得矢量图层进行栅格化处理，利用栅格图层地图代数叠加功能对各栅格图层进行空间叠加，根据自然断点法对研究区的干旱、洪涝灾害进行定量化评估分级、分类，以此获得陕西省旱涝灾害风险评估区划图。自然断点法是一种根据数值统计分布规律进行分级和分类的统计方法，将对分类间隔加以识别，可对相似值进行最恰当地分组，并可使各个类之间的差异最大化。分类间隔可以体现数值差异相对较大的相邻要素。

4.3.7 熵权法

在气象灾害危险性的计算中采用了熵权法。如，在有 m 个评价指标、n 个评价对象的评估中，定义第 i 个指标的熵为：

$$H_i = -\frac{1}{\ln n}\sum_{j=1}^{n} f_{ij}\ln f_{ij} \qquad i = 1,2,3,\cdots,m \tag{4.9}$$

式中，$f_{ij} = \dfrac{r_{ij}}{\sum_{j=1}^{n} r_{ij}}$，当 $f_{ij}=0$ 时，令 $f_{ij}\ln f_{ij}=0$。其中 r_{ij} 为第 j 个评价对象在第 i 个评价指标上的标准值，$r_{ij}\in[0,1]$。

第 i 个指标的熵权为：$w_i = \dfrac{1-H_i}{m-\sum_{i=1}^{m} H_i}$　(4.10)

式中，$0\leqslant w_i\leqslant 1$，$\sum_{i=1}^{m} w_i = 1$。

4.3.8 评价指标栅格化预处理

对于道路、河流和防御设施等线状矢量评价指标数据和重点单位、医院等点状矢量，评价指标数据采用ArcGIS中的核密度工具（Kernel Density），计算其密度分布，其中学校和医院的搜索范围设定为3 km，河流和道路的搜索半径设置为1 km。根据道路、河流、学校和医院等级赋予相应的计算权重，然后对计算结果标准化。社会、经济方面的定量数据以乡镇为最小统计单元，对社会经济类的评价指标进行栅格化、标准化。最终，将评价指标转换为30 m×30 m分辨率的栅格图层。

4.3.9 旱涝灾害风险区划原则

旱涝灾害风险区划原则取决于区划目的，是进行区划的基础，为选取区划指标、区划方法等提供基本依据。因此，本章在进行灾害风险区划时，总体上本着“综合因素与主导因素相结合，相似性与差异性相结合，适当保持行政区划、流域界限和已有水利设施供水范围的完整性”的原则对区域内进行灾害研究分区。具体分区时遵循以下原则：①相对一致性原则。主要包括：灾害自然属性和灾情损失相对一致的原则；自然和生产条件基本一致原则，即地形、地貌、气象等自然条件基本一致，农业生产特征相类似等。②空间连续性原则。灾害区在地域上要完整，以区别类型分区；不可将一个区域分割成互不连接的两个或两个以上的独立部分。③区域共轭性原则。区域共轭性还需考虑相对一致性，即在保证相对一致的前提下，同一区划单元在空间上不可重复出现。

4.3.10　基于概率的评估方法

基于概率的评估方法是以评估地区历史受气象灾害数据样本为基础，通过数学统计方法对气象灾害风险与损失进行评估，进而得到理想的风险评估结果。这种评估方法采用概率原理，同时也是灾害风险评估中十分常见的评估方法。概率评估法在使用上有着特定要求，当样本数据十分完整时要对全部信息数据加以分析和研究，而数据不完备时则需要采用适当的方法进行分析。也就是说概率分析法必须依据地区实际情况选取合适的评估方法，由此提高气象灾害风险评估的准确性。

4.3.11　洪涝灾害风险评估原理

国内外相关的研究和实践表明，洪涝灾害风险评估基本原理如下：洪涝灾害对第 i 类承灾体的风险度（R_{Di}）为

$$R_{Di} = H \cap \{E_i \cdot V_{di} \cdot [a_i + (1-a_i)(1-C_{di})]\} \tag{4.11}$$

式中，H 为致灾因子危险性；E_i 为第 i 类承灾体暴露在灾害中的量（数量和价值量）；V_{di} 为第 i 类承灾体的灾损敏感性；C_{di} 为人类社会对第 i 类承灾体的防灾减灾能力（包括应对能力和灾后重建能力）；a_i 为第 i 类承灾体不可防御的灾害风险。

洪涝灾害的总风险（R_D）为评估区域内所有承灾体的风险值之和

$$R_D = \sum_i R_{Di} \tag{4.12}$$

4.3.12　干旱风险指数确定

干旱风险区划考虑致灾因子的危险性、承灾体的暴露性和脆弱性等多种要素，根据作物减产或者历史干旱灾情统计资料，确定干旱发生的强度或者频率，以及干旱对某种作物的影响程度即承灾体的脆弱性，给出定量的结论。应用干旱出现频数和干燥度变异系数来构建月时间尺度下干旱发生风险指数模型：

$$DI_{ij} = f_{ij} \times CV_{AI} = \frac{f_{ij} \times S_{AI}}{X_{AI}} \tag{4.13}$$

式中，CV_{AI} 是干燥度指数的变异系数，定义为干燥度指数标准偏差 S_{AI} 和均值 X_{AI} 的比值，表示该级干旱出现的不稳定性；f_{ij} 为干旱出现次数，i 为月份，j 表示轻、中、重干旱等级。CV_{AI} 越高表示出现某级干旱的风险越大，可能性越高；反之，则越低。

4.4　旱涝灾害的预报和预警

农业在我国具有重要的地位，是促进我国经济发展的重要支柱。农业生产受多个因素的影响，其中，天气因素是影响农业生产的主要原因。为有效应对气象灾害，相关人员专门研制出气象灾害预报预警应急系统。目前，这一系统在农业领域取得了比较突出的成绩，随着技术的日益完善，气象灾害预报预警应急系统能够在第一时间预报灾害，使相关人员能够做好充分的准备，减少不必要的损失。为保证农户可以有效操作这一系统，通常会有专门的指导人员辅

助农户开展农业生产，正确使用预警系统。气象灾害预报预警应急系统可以提供实时数据，对天气情况进行有效分析，并对未来天气情况进行合理预测，为农业生产提供参考意见。目前，在系统中融入了一些新型技术，如数字信息技术、GPS技术等，以保证预报预警应急系统的准确性得到有效提升。

我国是气象灾害发生频率最高的国家之一，各种各样的气象灾害层出不穷，其所带来的损失不计其数，还会造成人员伤亡。台风、雷电、暴雨、干旱等极端天气不仅频繁发生，而且还会诱发巨大的灾难，泥石流、洪水等严重的自然灾害同样会给人们带来致命的伤害，严重危害社会稳定。为减少这些气象灾害的伤害，就必须开展有效的气象灾害预报预警应急工作。气象灾害预报预警可以针对不同类型的气象要素进行观测和记录，通过其汇总的数据可以及时了解天气情况，实现对气象灾害的预测预报，使大众能够提高警惕，做好必要的防范措施。

为了有效地开展气象灾害应急工作，应建立完善的应急机制，有效地提高气象灾害预警预报应急工作质量。在建立应急机制时，要保证其符合气象灾害预警预报应急工作的实际情况。首先应制定完善的应急方案，明确工作流程，保证各部门之间可以互相配合，确保预警预报应急工作顺利开展。明确方案后，应严格按照相应的要求和内容进行工作，将气象灾害造成的损失降到最低。

4.5 建立健全旱涝灾害基础设施

随着人们生活水平的不断提高，人们对于旱涝灾害的预警和预防工作越发重视，因此必须要提高预警信息的准确性和及时性。为保证预警信息的准确性和及时性，应加强对气象灾害基础设施的建设，增大投入力度，保证预报预警应急工作更加完善；完善应急方案，制订预防与应急计划，使预防应急水平有效提升；除了要保证基础设施建设到位外，还要定期对基础设施进行有效的维护和管理，确保设施质量，使其能够有效地发挥出防范和应急效果。在制定相关应急措施时，既要结合本地区的实际情况，还要保证基础设施完善，这样才能减少对气象预警系统的破坏，使预报预警工作能够高效率开展。为了进一步提高基础设施的维修质量、延长设施的使用寿命，要保证对基础设施的检查有一定的周期和频率，减少意外情况的发生，提高检查效果，使设施发挥出应有的作用。

4.5.1 完善旱涝灾害预报预警信息发布方式

目前，我国传统的旱涝灾害预报预警系统呈现出的问题越来越多，相应的技术已经落后，发布方式不能与时俱进。我国气象灾害预报预警工作采取的主要发布方式是新闻媒体，这种方式可以使信息在第一时间内得到传达，使相关用户能够及时了解气象灾害，并做好相应的应急和防范工作，减少不必要的损失。但除了要及时发布天气信息外，相关部门还要加强宣传教育工作，使广大公众能够了解气象灾害造成的危害，及时根据相关信息采取必要的防范措施，协助预报预警应急工作顺利进行；积极扩大信息的覆盖面，不断完善信息发布方式，使更多人能够了解气象灾害信息；采用先进的信息技术确保信息得到精准的发布和推广，进一步扩大信息传输方式，可以借助电视、手机APP、短信、广播等渠道，保证人们及时掌握气象灾害信息，达到预防和减少损失的目的。进行宣传和教育时，要保证人们能够掌握应对常见气象灾害的技巧与方法，政府部门要提高公众的应急避险能力，一旦发生突发情况，可以最大程度地降低损失，提高应急工作质量。

4.5.2　重视农业旱涝灾害预报指标

在开展农业旱涝灾害预警工作时，必须明确预报指标，使工作能够得到进一步落实。在掌握明确指标的情况下，气象部门技术人员才能根据相应的信息进行有效分析，对农业生产起到正确的指导作用。为保证农业气象灾害预报指标准确，第一，要结合本地区的实际情况和农业生产水平制定明确的气象灾害预报指标。第二，相关人员要根据本地区常见的农作物和农作物特点确定指标。第三，保证预报指标的建立，可以减少农户的经济损失，使农户能够根据相关信息进行有效的防范。各项指标的明确，可保证预报预警工作更加准确，促进农作物顺利成长，提高农户的经济效益。

4.5.3　完善数理统计方法

在开展气象灾害预报预警应急工作时，必须要进行数理统计。数理统计的水平将直接关系到预测的准确性，在开展数理统计工作时，首先要对之前的天气预测情况进行有效的分析，再进行纵向和横向的对比，通过数据的反馈情况，找出最有价值的数据，以提高预测的准确性。通常情况下，在气象灾害预警系统中需要加以分析的数据包括物理概念与生物机理，对这些内容进行综合分析后，需对结果进行汇总。在数理统计工作中，要采取科学合理的统计方法，确保数据得到有效汇总，提高数据的使用价值。要保证分析过程定量化，避免出现主观判断的问题，进一步保证气象灾害预报预警信息的准确度。

4.5.4　采取多元化措施

进行气象灾害预报预警工作时，需要将多种方法相结合，使气象预报预警工作更加有效。比如，可以将长期预测与短期预测有机结合，可以更好地对数据进行全面分析和对比，提炼出有价值的数据，使预警信息能够在很短的时间内传达到所需人群之中，敦促其做好相应的应急防范工作。

4.6　旱涝灾害的灾损评估

气象灾害损失包括气象灾害所造成的人员伤亡和社会财产损失、灾害救援损失、生态环境损失、灾变对生产和生活造成的破坏，以及为修复灾区正常社会秩序的投入。当气象灾害发生后，及时对灾情损失作出准确恰当的描述和估算是决定救灾程度、制定灾后恢复建设总规划和总决策的重要依据，是最后形成灾害损失评估报告的基础。近年来，我国一些科技工作者运用新方法，从定性与定量分析相结合的角度探讨了灾害损失的评估方法和灾害等级划分等问题。由于灾害损失是由众多灾害影响因素相互作用的结果，而这些影响因素中有些因素的影响可以用精确的数学模型来度量，有些因素则很难用一个准确值来表示，只能作一个粗略的估计，因此，本章对于那些无法用精确的数学公式表达出来的因素，提出了运用定量评估的模糊评判法，并为能客观地反映气象灾害的损失程度提出了灾度指数和灾损等级计算公式。

4.6.1　现有旱涝灾害的灾损评估指标的局限性

目前，关于灾害评估指标已有较多研究，提出了不少相关指标。现有研究中采用的指标有单个指标：经济损失；2 个指标：人员伤亡、经济损失；3 个指标：死亡人数、重伤人数、直接经济损失；4 个指标：死亡人数、伤害人数、综合经济损失、灾害损失持续时间；5 个指标：受灾人口、死亡人口、受灾面积、成灾面积、直接经济损失。然而在现有这些灾害评估指标中都存在着一定的局限性。

(1)直接经济损失不能直接作为灾害评估的一个指标。直接经济损失是反映气象灾情大小最为直观、最为重要的一项指标。然而，直接经济损失若直接用于气象灾情评估，则评估结果往往会失去可比性。这是因为灾害评估指标是用人民币计量的，人民币的币值不是恒定量，尤其是在经济飞速发展时期，通货膨胀的存在是难免的。因此，不同时期的货币值不能直接相比，由此得出的灾害评估结果也不具有可比性。比如说要评价分别发生于 1950 年和 2008 年的 2 次洪水灾害，假设 1950 年农业气象灾害直接经济损失为 20 亿元，2008 年农业气象灾害直接经济损失为 100 亿元，若简单采用直接经济损失进行比较，无疑后者远大于前者。但是由于社会的发展，广大群众承灾能力的提高，灾害的严重程度后者未必一定大于前者。又比如说，对 2 个不同地区发生的气象灾害进行评估，A 地灾害造成的直接经济损失明显比 B 地大得多；然而考虑到 A 地的经济发展较好，具有较强的承灾能力，最终的评估结果也可能是两地社会财富遭受破坏的程度相当。

(2)死亡人员损失采用单一固定的货币指标不科学。根据相关学者研究认为"人员伤亡和经济损失"的双因子灾度判别方案 x^2+y^2(其中，x 是死亡人数，y 是社会财富损失值)，灾度判别指标的单位是(千人)^2+(亿元)^2。这两种灾度判别方案中都隐含着一个假定，即死亡 1 千人与损失 1 亿元是相当的。由于这一假定涉及人的价值这一复杂的问题，因而这个假定缺乏合理性。

(3)现行灾害评估忽视了灾害救援、恢复重建、生态环境破坏及人员受伤的损失。

4.6.2　旱涝灾害的灾损评估指标

旱涝灾害损失的估算最终可以归结为社会属性指标和经济损失指标两类指标。社会属性指标是指因气象灾害而造成的死亡人数、受伤人数和灾害持续的时间等因子。经济损失指标包括直接经济损失和间接经济损失。间接经济损失指标包括灾害救援损失、生态环境破坏损失、恢复重建费用等因子。要正确地评估气象灾害损失的办法应该是指：在承灾体现有生产力发展水平下，要消除灾害影响所需的社会平均劳动力投入量。

(1)人员伤亡损失。将人员伤亡损失折算成人民币受到许多社会因素的影响，目前还没有一个统一的折算办法。建议在计算死亡损失时，主要考虑在现有生产力正常增长的情况下，其可能为社会创造的财富。根据 1952—2007 年我国国民经济生产总值(GNP)平均年递增率 8.1%计算，把后期继续为社会创造的财富也模糊估算为 20 年，运用等比数列前 n 求和公式，可以得出后 20 年为社会所创造的价值为 46.3 PGN(承灾区受灾当年人均国民生产总值)。在计算受伤损失时要考虑医疗费用和因灾影响工作请假、休养、丧失劳动能力等所造成的损失。由于每个人的受伤程度和恢复情况不同，把每个人后期正常工作模糊估算为 20 年，把每个人损失的创造财富能力的程度平均模糊估算为正常人的 1/5，那么每个人后 20 年为社会所创造的价值减少量就是 9.3 PGN。所以在评估气象灾害对人员伤亡损失程度时，可用如下数学表达式来度量：

$$M_s = (46.3X_2 + 9.3X_3)PGN \tag{4.14}$$

式中，M_s 是人员伤亡损失；X_2 是死亡人数；X_3 是受伤人数；PGN 是承灾区受灾当年人均国民生产总值。

当然，由于人类社会本身是非常复杂的，要准确地计算因灾伤亡损失非常困难。一方面人都有生、老、病、死，不同人在年龄、自然寿命等方面存在差异，其死亡所带来的破坏显然不同；另一方面，人具有能动性，可以创造价值。不同的人由于体能、智力、受教育程度的差异，工作能力、从事的职业各不相同，其在正常情况下可能创造的价值不尽相同，且很难准确得出。上述折算方法也只能给出一个相对准确的统计结果。因此，要提高因灾人员死亡损失折算的准确度尚需进行深入的研究。

(2)灾害持续时间。较大的区域性气象灾害往往造成地区或行业的系统服务功能中断，从而对国民经济及人民的日常生活产生影响。主要包括灾害持续时间、救灾持续时间和系统功能恢复时间。它在一定程度上反映了灾害的规模、强度及经济损失，还反映了灾害对人民日常生活、生产环境及生活环境等方面所产生的影响，是一个综合性的指标。

(3)直接经济损失。这是反映气象灾情大小最为直观、最为重要的一项指标。灾害使工程建筑物、设备及其他财产遭受破坏，使其使用价值丧失或降低，并且对资源、环境及文物古迹等社会财富造成破坏，使其社会价值、历史价值或文化价值降低。主要包括建筑物破坏、设备损失、资源损失、物资损失、农业作物的价值损失以环境破坏损失、文物古迹损失及其他损失等。直接经济损失的计算可采用分项统计、列表计算的方法取得。

(4)灾害救援损失。救灾费用也称为救灾成本，是指国民经济为救灾所付出的人力、物力的代价，它实际上是指由于灾害而使得投入物增加的费用。救灾费用包括内部救灾费用和外部救灾费用。内部救灾费用包括本地区或行业在救灾过程中动用的人员、机具、材料及设备的费用，以及由本地区或行业支付的人身伤亡赔偿、物资财产破损赔偿等其他费用。外部救灾费用也称社会救灾费用，是指外部社会为救灾所付出的代价，例如调用其他地区或行业的救灾人员、物资及设备的费用等。而救灾损失很难准确统计，但受灾人口、持续时间可以定性反映救灾损失的大小。救灾费用的计算最好采用分项统计、列表计算的方法取得。

(5)效益损失。灾害引起的效益损失是指由于灾害使得企业停产、生产线中断及生产重新组织所引起的经济效益的减少值，它实际上是指因灾害而使产出物减少所损失的价值。可根据灾害发生地的企业产值或地区产值及损失持续时间进行计算。

(6)生态环境破坏损失和恢复重建费用。旱涝灾害往往会造成受灾地区较严重的生态环境损失。生态环境对经济可持续发展有着重大制约作用，生态环境一旦被破坏，恢复期较长，投入也较大。生态环境损失价值一般较大，且难以准确估量。而受灾面积大小和灾害破坏程度与生态环境破坏损失大小及恢复重建的费用显然呈正比关系。对于生态环境破坏损失和恢复重建费用一般取直接财产损失的 1.5 倍为宜。

4.6.3　旱涝灾害损失程度计算

旱涝灾害损失应该进行综合计算，不仅包括直接财产损失，还要包括人员伤亡损失、灾害救援损失、生态环境损失和恢复重建投入等。所以要全面评估气象灾害造成的损失，可以使用公式：

$$M = M_Z + M_s + M_j + M_x + M_r \tag{4.15}$$

式中，M 为灾害造成的货币总损失量；M_Z 为直接财产损失；M_s 为人员伤亡损失；M_j 为救援投入；M_x 为效益损失；M_r 为生态环境损失恢复重建投入。计算单位均为亿元。

灾害损失程度代表着受灾地区社会的人力财富和物质财富遭受损失的深度。它是灾害的破坏力与受灾地区抗御灾害的能力综合对比的结果。从救灾的角度讲，它与灾区自我救助和自身恢复重建的能力有着重要关系。然而，如果将灾害造成的经济损失直接用于气象灾情评估，则评估结果往往会失去可比性。这是因为经济损失只考虑了灾害的绝对损失规模，而没有考虑不同时期、不同承灾体承灾能力的差别，因而无法就灾害造成的破坏程度进行纵向和横向比较。建议运用灾度指数公式(4.16)去正确评估气象灾害损失程度：

$$D = \frac{M}{\frac{GNP}{P}} = \frac{M}{PGN} \tag{4.16}$$

式中，D 是灾度指数，单位为年·人；M 是灾害造成的货币总损失量，单位为亿元；P 是承灾区人口；GNP 是承灾区当年国民生产总值，单位为亿元；PGN 是承灾区受灾当年人均国民生产总值，单位为万元。该灾害损失程度可以反映一个地区气象灾害受灾程度，满足可比性要求，可作为衡量灾情的统一指标。

4.6.4 旱涝灾害灾损等级确定

灾情评价的结果就是灾损等级。每种灾种都有自己的等级评价指标，赵阿兴等(1993)根据我国自然灾害情况提出了“灾度”的概念，并给出了灾度等级的判定方法。也就是说，研究制定一套易于操作、分级科学的灾情等级及其评估标准是十分必要的。目前，民政部通常采用的是将灾情分为特大灾、大灾、中灾和小灾，并且明确了各级政府承担的责任。小灾主要通过县、市两级政府解决；中灾由省级政府帮助解决；特大灾、大灾，中央予以补助解决。笔者参考中国气象局 2005 年 5 月发布的《气象灾情收集上报调查和评估试行规定》中关于气象灾害评估分级处置标准，主要以灾害造成的货币总损失量和承灾区当年国民经济生产总值，根据震级和风级的计算原理，利用对数函数关系，将灾害损失程度进行折算，从而使不同时间、不同地点、不同气象灾害之间的灾情大小都能够进行定量的比较。笔者采用灾损等级作为气象灾害损失的相对度量指标，用于对气象灾害造成的破坏程度进行评估，其气象灾损等级公式为：

$$Q = \lg D \tag{4.17}$$

式中，Q 是灾损等级；D 是灾度指数；Q 大小表示受灾程度大小，Q 越大，表示受灾程度越大。

第5章 旱涝灾害的应急管理

5.1 旱涝灾害的应急管理体制

5.1.1 旱涝灾害的应急管理体制概述

应急管理是应对于特重大事故灾害的危险问题提出的。应急管理是指政府及其他公共机构在突发事件的事前预防、事发应对、事中处置和善后恢复过程中，通过建立必要的应对机制，采取一系列必要措施，应用科学、技术、规划与管理等手段，保障公众生命、健康和财产安全；促进社会和谐健康发展的有关活动。危险包括人的危险、物的危险和责任危险三大类。首先，人的危险可分为生命危险和健康危险；物的危险指威胁财产安全的火灾、雷电、台风、洪水等事故灾难；责任危险是产生于法律上的损害赔偿责任，一般又称为第三者责任险。其中，危险是由意外事故、意外事故发生的可能性及蕴藏意外事故发生可能性的危险状态构成。

应急管理体制是指为保障公共安全，有效预防和应对突发事件，避免、减少和减缓突发事件造成的危害，消除其对社会产生的负面影响，而建立起来的以政府为核心，其他社会组织和公众共同参与的有机体系。

加强应急管理体制，提高预防和处置突发事件的能力，是关系国家经济社会发展全局和人民群众生命财产安全的大事，是构建社会主义和谐社会的重要内容；是坚持以人为本、执政为民的重要体现；是全面履行政府职能，进一步提高行政能力的重要方面。通过加强应急管理体制，建立健全社会预警机制、突发事件应急机制和社会动员机制，可以最大程度地预防和减少突发事件及其造成的损害，保障公众的生命财产安全，维护国家安全和社会稳定，促进经济社会全面、协调、可持续发展。

5.1.2 我国旱涝灾害应急管理发展建设

(1)应急管理研究的萌芽时期。在2003年以前，关于应急管理的研究主要集中在灾害管理研究方面。自20世纪70年代中后期以来，随着地震、水旱灾害的加剧，我国学术界在单项灾害、区域综合灾害以及灾害理论、减灾对策、灾害保险等方面都取得了一批重要研究成果。而对应急管理一般规律的综合性研究成果寥寥无几。对中国期刊网社会科学文献总库中关于应急管理的研究文章进行检索，多数是以专项部门应对为主的灾害管理为研究对象的成果。目前可以检索到最早研究应急管理的学术文章是魏加宁发表于《管理世界》1994年第6期的《危机与危机管理》，该文较为系统地阐述了现代危机管理的核心内容。此外，中国行政管理学会课题组《我国转型期群体突发性事件主要特点、原因及政府对策研究》、薛澜《应尽快建立现代危机管理体系》,也是早期较有影响力的文章。许文惠、张成福等主编的《危机状态下的政府管理》、胡宁生主编的《中国形象战略》是较早涉及突发公共事件应急管理的力作。一些学者将应急管理的发展追溯到了新中国成立初期甚至中国古代。

(2)应急管理研究的快速发展时期。在2003年抗击“非典”的过程中暴露了我国政府管理存在的诸多弊病特别是应急管理工作中的薄弱环节。众所周知,2003年“非典”事件推动了应急管理理论与实践的发展,结合事前准备不充分,信息渠道不畅通,应急管理体制、机制、法制不健全这一系列问题,促使新一届政府下定决心全面加强和推进应急管理工作。2003年7月胡锦涛主席在全国防治“非典”工作会议上明确指出了我国应急管理中存在的问题,并强调大力增强应对风险和突发事件的能力。与此同时,温家宝总理提出“争取用3年左右的时间,建立健全突发公共卫生事件应急机制”,“提高公共卫生事件应急能力”。同年10月,党的十六届三中全会通过的《中共中央关于完善社会主义市场经济体制若干问题的决定》强调:要建立健全各种预警和应急机制,提高政府应对突发事件和风险的能力。理论和实践的需要,使得2003年成为中国全面加强应急管理研究的起步之年。因此,这一时期的研究主要受“非典”事件的影响,既有针对该事件本身的研究成果,如彭宗超、钟开斌的《非典危机中的民众脆弱性分析》、房宁等主编的《突发事件中的公共管理——“非典”之后的反思》等;同时也有从整体的角度对政府的应急管理进行反思和总结,如马建珍的《浅析政府危机管理》等。由于这一时期的应急管理实践和研究处于快速发展和繁荣时期,为了能更加清晰地看清应急管理研究的发展脉络,笔者将这一时期研究大致分为两个阶段:前半阶段是从2003年“非典”事件至2006年底,后半阶段则是从2007年至2008年初。

(3)应急管理研究质量提升时期。2008年对中国应急管理来说是一个特殊的年份。年初,南方雪灾、拉萨“3·14”事件和汶川特大地震,为应急管理研究提出了严峻的命题。党和政府以及学界从不同角度深入总结我国应急管理的成就和经验,查找存在问题。胡锦涛总书记10月8日在党中央、国务院召开的全国抗震救灾总结表彰大会上指出,“要进一步加强应急管理能力建设”。自2008年以来,我国大部分地区出现小灾不断,大灾增多的情况,人民生命和财产损失严重。尤其是在水旱和气象灾害方面,2009年初,我国多个省市都发生极端旱灾、2009年11月北方地区发生罕见暴雪、2012年7月华北地区发生百年一遇的特大暴雨、2019年6月在长江流域发生了百年难遇的洪涝。我国为了应对各种突发事件特别是灾害突发事件不断加强应急管理工作,在应急管理“一案三制”(预案、体制、机制、法制)体系逐步完善、应急能力迅速提升、应急平台建设不断完善、应急产业飞速发展以及社会参与不断加强,在不断完善中积累了丰富的灾害应急管理经验。在应急预案建设方面,2011年国家根据救灾工作的需要,首次修订《国家自然灾害救助应急预案》;2012年修订《国家地震应急预案》,使得国务院抗震救灾指挥机构的职责更加细化明确;2013年,国务院办公厅出台《突发事件应急预案管理办法》,明确了应急预案的一些实用性缺失问题;2016年再次修订《国家自然灾害救助应急预案》,提高了预案的针对性、实用性和可操作性。应急管理法制方面,相关法律法规、政策制度也在不断完善。2008年修订《中华人民共和国防震减灾法》,在防震减灾方面进行补充;2010年颁布《自然灾害救助条例》,充分利用各方面救助力量,保障受灾人员的基本生活条件;2013年11月12日党的十八届三中全会通过《中共中央关于全面深化改革若干重大问题的决定》,为了保障受灾人民的利益,提出“建立巨灾保险制度”;2014年8月13日发布《国务院关于加快发展现代保险服务业的若干意见》，确立了"建立巨灾保险制度"，在各省（区、市）陆续推出地震保险、洪灾保险等灾害险种。此外《国家突发事件应急体系建设规划（2011—2015）》、《国家突发事件应急体系建设"十三五"规划》（2017 年）、《中国气象局关于加强气象防灾、减灾救灾工作的意见》（2018 年）都使得我国的灾害突发事件应急管理得到保证。在应急管理体系建设方面，我国建立起了统一领导、综合协调、分类管理、分级负责、属地管理为主的应急管理体系，2018 年在原国家安全生产监督管理总局职责基础上整合多个部门成立应急管理部，各级地方政府组建相应的应急管理专门机构，使得我国应急管理工作效率大幅度提升。

5.2　国外旱涝灾害应急管理体制建设

我国应急管理体系的建设起步相对较晚，尤其是针对综合性灾害的应急管理体系来说，更是如此。这就需要参考海外比较成熟、完善的应急管理体系，在美国、日本、澳大利亚和加拿大等国，都已经建立起一套有针对性的应急管理体系和具体做法，形成了特色鲜明的应急体制与机制。其中，日本作为一个地震灾害频繁的国家，自然在地震应急方面就比较成熟，其理论和具体做法值得我们借鉴。

5.2.1　美国应急管理体系

（1）不断在灾害中完善组织结构。1979 年前，美国的应急管理也和其他国家一样，属于各个部分和地区各自为战的状态，直到 1979 年，当时的卡特总统发布 12127 号行政命令，将原来分散的紧急事态管理机构集中起来，成立了联邦应急管理局（Federal Emergency Management Agency，FEMA），专门负责突发事件应急管理过程中的机构协调工作，其局长直接对总统负责。我们认为，联邦应急管理局的成立标志着美国现代应急管理机制正式建立，同时也是世界现代应急管理的一个标志。

2001 年发生在纽约的"9 · 11"事件，引起了美国各界对国家公共安全体制的深刻反思，它同时诱发了多个问题，政府饱受各方指责：多头管理带来的管理不力，情报工作失误，反恐技术和手段落后……为了有效解决这些问题，布什政府于 2003 年 3 月 1 日组建了国土安全部，将 22 个联邦部门并入，FEMA 成为紧急事态准备与应对司下属的第三级机构。两年后，美国南部墨西哥湾沿岸遭受"卡特里娜飓风"袭击，由于组织协调不力，致使受灾最严重的新奥尔良市沦为"人间地狱"，死亡数千人，直到今天在新奥尔良生活的人口还没有达到灾前的一半。在这个事件后，国土安全部汲取教训，进行了应急功能的重新设计，机构在 2007 年 10 月加利福尼亚州发生的森林大火中获得重生，高效地解决了加州 50 多万人的疏散问题。

美国的其他专业应急组织还有疾病预防与控制中心，在应急管理中也发挥着重要作用。他们已经拥有一支强有力的机动队伍和运行高效的规程，在突发公共事件中有权采取及时有效的措施。

从以上应急机构演变的过程可以看到，美国的应急管理组织体系在经验和教训中不断成熟，逐渐走向完善。

（2）健全应急法制体系。1976 年实施的美国《紧急状态管理法》详细规定了全国紧急状态的过程、期限以及紧急状态下总统的权力，并对政府和其他公共部门（如警察、消防、气象、医疗和军方等）的职责作了具体的规范。此后，又推出了针对不同行业、不同领域的应对突发事件的专项实施细则，包括地震、洪灾、建筑物安全等。1959年的《灾害救济法》几经修改后确立了联邦政府的救援范围及减灾、预防、应急管理和恢复重建的相关问题。“9·11”事件之后，美国对紧急状态应对的相关法规又作了更加细致而周密的修订，体系已经是一个相对全面的突发事件应急法制体系。

如今美国已形成了以国土安全部为中心，下分联邦、州、县、市、社区5个层次的应急和响应机构，通过实行统一管理、属地为主、分级响应、标准运行的机制，有效地应对各类突发的灾害事件。

5.2.2　日本防灾减灾机制

日本地处欧亚板块、菲律宾板块、太平洋板块交接处，处于太平洋环火山带，台风、地震、海啸、暴雨等各种灾害极为常见，是世界易遭自然灾害破坏的国家之一。在长期与灾难的对抗中，日本形成了一套较为完善的综合性防灾减灾对策机制。

(1)完善的应急管理法律体系。作为全球较早制定灾害管理基本法的国家，日本的防灾减灾法律体系相当庞大。《灾害对策基本法》中明确规定了国家、中央政府、社会团体、全体公民等不同群体的防灾责任，除了这一基本法之外，还有各类防灾减灾法50多部，建立了围绕灾害周期而设置的法律体系，即基本法、灾害预防和防灾规划相关法、灾害应急法、灾后重建与恢复法、灾害管理组织法5个部分，使日本在应对自然灾害类突发事件时有法可依。

(2)良好的应急教育和防灾演练。日本政府和国民极为重视应急教育工作，从中小学教育抓起，培养公民的防灾意识；将每年的9月1日定为“灾害管理日”，8月30日至9月5日定为“灾害管理周”，通过各种方式进行防灾宣传活动；政府和相关灾害管理组织机构协同进行全国范围内的大规模灾害演练，检验决策人员和组织的应急能力，使公众能训练有素地应对各类突发事件。

(3)巨灾风险管理体系。日本经济发达，频发的地震又极易造成大规模经济损失。为了有效地应对灾害，转移风险，日本建立了由政府主导和财政支持的巨灾风险管理体系，政府为地震保险提供后备金和政府再保险。巨灾保险制度在应急管理中起到了重要作用，为灾民正常的生产生活和灾后恢复重建提供了保障。

(4)严密的灾害救援体系。日本已建成了由消防、警察、自卫队和医疗机构组成的较为完善的灾害救援体系。消防机构是灾害救援的主要机构，同时负责收集、整理、发布灾害信息；警察的应对体制由情报应对体系和灾区现场活动两部分组成，主要包括灾区情报收集、传递、各种救灾抢险、灾区治安维持等；日本的自卫队属于国家行政机关，根据《灾害对策基本法》和《自卫队法》的规定，灾害发生时，自卫队长官可以根据实际情况向灾区派遣灾害救援部队，参与抗险救灾。

日本其他类型的人为事故灾害也在不断增加。例如，东京地铁沙林毒气事件就造成了10人死亡，75人重伤，4700人受到不同程度的影响。如何完善应急管理机制，提高应急管理能力，迎接新形势下新的危机和挑战，也成为日本未来应急管理工作的一项新任务。

5.2.3　加拿大的应急管理

加拿大大部分地区属于寒带，冬季时间长，40%的陆地为冰封冻土地区，蒙特利尔冬季的温度可至零下30℃，主要的自然灾害是冬季的暴风雪。所以，加拿大的应急管理是“以雪为令”。

(1)重视地方部门作用的应急管理体系。加拿大自 1948 年成立联邦民防组织，到 1966 年，其工作范围已延伸到平时的应急救灾。1974 年，加拿大将民防和应急行动的优先程序倒过来。1988 年，加拿大成立应急准备局，使之成为一个独立的公共服务部门，执行和实施应急管理法。加拿大的应急管理体制分为联邦、省和市镇三级，实行分级管理。政府要求，任何紧急事件首先应由当地官方进行处置，如果需要协助，可再向省或地区紧急事件管理组织请求，如果事件不断升级以致超出了省或地区的资源能力，可再向加拿大政府寻求帮助。

(2)应对雪灾的全国协作机制。加拿大各级政府形成了一套针对雪灾的高效和系统的应急对策。清雪部门是常设机构，及时清理积雪，保障道路畅通，责任主要在各省市政府。其中，省政府负责辖区内高速路，市政府负责市内道路。据统计，加拿大全国每年清雪费用高达 10 亿加元，各级政府也都有专门的年度清雪预算。加拿大清雪基本是机械化，每个城市都配有系统的清雪设备，为把暴风雪的影响降到最低，加拿大各省市特别注重调动全社会的配合和参与。加拿大环境部网站不仅每天分时段公布各地市详细的天气预报，还提供未来一周的每日天气预报，并及时发布暴风雪等极端天气警报；各省市设有免费的实时路况信息热线；电台和电视台一般是每隔半小时播报一次当地天气和路况情况；各省市也都把清雪的预算、作业程序和标准以及投诉电话等公布在其官方网站上，供公众监督。加拿大各省市还常常通过多种方式向公众介绍防范冰雪天气的知识和技巧，提高公众应对暴风雪的能力。

5.3 应急管理组织机构

中华人民共和国应急管理部的主要职责为：组织编制国家应急总体预案和规划，指导各地区各部门应对突发事件工作，推动应急预案体系建设和预案演练。建立灾情报告系统并统一发布灾情，统筹应急力量建设和物资储备并在救灾时统一调度，组织灾害救助体系建设，指导安全生产类、自然灾害类应急救援，承担国家应对特别重大灾害指挥部工作。指导火灾、水旱灾害、地质灾害等防治。负责安全生产综合监督管理和工矿商贸行业安全生产监督管理等。公安消防部队、武警森林部队转制后，与安全生产等应急救援队伍一并作为综合性常备应急骨干力量，由应急管理部管理，实行专门管理和政策保障，采取符合其自身特点的职务职级序列和管理办法，提高职业荣誉感，保持有生力量和战斗力。应急管理部要处理好防灾和救灾的关系，明确与相关部门和地方各自职责分工，建立协调配合机制。我国应急管理组织机构由议事机构、机关司局、派驻机构以及部署单位四部分组成。

5.3.1 议事机构

国家防汛抗旱总指挥部：国家防汛抗旱总指挥部是按照《中华人民共和国防洪法》《中华人民共和国防汛条例》《中华人民共和国抗旱条例》和国务院“三定方案”的规定，在国务院领导下，负责领导组织中国的防汛抗旱工作的机构。主要职责包括组织、协调、指导、监督全国防汛抗旱工作。组织协调指导台风、山洪等灾害防御和城市防洪工作。负责对重要江河湖泊和重要水工程实施防汛抗旱调度和应急水量调度。编制国家防汛抗旱应急预案并组织实施，组织编制、实施全国大江大河大湖及重要水工程防御洪水方案、洪水调度方案、水量应急调度方案和全国重点干旱地区及重点缺水城市抗旱预案等防汛抗旱专项应急预案。负责全国汛情、旱情和灾情掌握和发布，指导、监督重点江河防汛演练和抗洪抢险工作。

国务院抗震救灾指挥部：负责统一领导、指挥和协调全国抗震救灾工作。县级以上地方人民政府抗震救灾指挥机构负责统一领导、指挥和协调本行政区域的抗震救灾工作。国务院地震工作主管部门和县级以上地方人民政府负责管理地震工作的部门或者机构，承担本级人民政府抗震救灾指挥机构的日常工作。

国务院安全生产委员会：根据 2003 年 10 月 29 日中华人民共和国国务院办公厅发出的《关于成立国务院安全生产委员会的通知》设立的；旨在加强对全国安全生产工作的统一领导，促进安全生产形势的稳定好转，保护国家财产和人民生命安全。主要职责包括在国务院领导下，负责研究部署、指导协调全国安全生产工作；研究提出全国安全生产工作的重大方针政策；分析全国安全生产形势，研究解决安全生产工作中的重大问题等。

国家森林草原防灭火指挥部：是根据《国务院办公厅关于调整成立国家森林草原防灭火指挥部的通知》而成立的新组织。由原国家森林防火指挥部调整而成。主要职责为指导全国森林防火工作和重特大森林火灾扑救工作，协调有关部门解决森林防火中的问题，检查各地区、各部门贯彻执行森林防火的方针政策、法律法规和重大措施的情况，监督有关森林火灾案件的查处和责任。

国家减灾委员会：原名中国国际减灾委员会，2005 年，经国务院批准改为现名，其主要任务是：研究制定国家减灾工作的方针、政策和规划，协调开展重大减灾活动，指导地方开展减灾工作，推进减灾国际交流与合作。国家减灾委员会的具体工作由民政部承担。

5.3.2　相关司局

包括办公厅、人事司、应急指挥中心、风险监测和综合减灾司、教育训练司、救援协调和预案管理局、火灾防治管理司、地震和地质灾害救援司、防汛抗旱司、救灾和物质保障司、政策法规司、国际合作和救援司等 22 个部门。

5.3.3　派驻机构

中央纪委国家监委驻应急管理部纪检监察组：是中央纪委国家监委的重要组成部分，由中央纪委国家监委直接领导、统一管理，负责综合监督应急管理部、中国地震局、国家煤矿安全监察局等 3 家单位。依据党章、宪法和监察法，根据中央纪委国家监委授权，履行党的纪律检查和国家监察两项职责，对中央纪委国家监委负责。

5.3.4　部署单位

中国地震局：负责管理全国地震工作、经国务院授权承担《中华人民共和国防震减灾法》赋予的行政执法职责。中国地震局成立于 1971 年，时称国家地震局，1998 年更名为中国地震局，2018 年由中华人民共和国应急管理部管理。主要职责包括(1)拟定国家防震减灾工作的发展战略、方针政策、法律法规和地震行业标准并组织实施。(2)组织编制国家防震减灾规划；拟定国家破坏性地震应急预案；建立破坏性地震应急预案备案制度；指导全国地震灾害预测和预防；研究提出地震灾区重建防震规划的意见。(3)制定全国地震烈度区划图或地震动参数区划图；管理重大建设工程和可能发生严重次生灾害的建设工程的地震安全性评价工作，审定地震安全性评价结果，确定抗震设防要求等。

国家煤矿安全监察局:主要职责包括拟订煤矿安全生产政策,参与起草有关煤矿安全生产的法律法规草案,拟订相关规章、规程、安全标准,按规定拟订煤炭行业规范和标准,提出煤矿安全生产规划。承担国家煤矿安全监察责任,检查指导地方政府煤矿安全监督管理工作。对地方政府贯彻落实煤矿安全生产法律法规、标准,煤矿整顿关闭,煤矿安全监督检查执法,煤矿安全生产专项整治、事故隐患整改及复查,煤矿事故责任人的责任追究落实等情况进行监督检查,并向地方政府及其有关部门提出意见和建议等。

森林消防局:主要职责包括组织指导森林和草原火灾扑救、抢险救援、特种灾害救援等综合性应急救援任务,负责指挥调度相关救援行动。组织指导森林和草原火灾预防、消防监督执法以及火灾事故调查处理相关工作。负责森林消防队伍综合性应急救援预案编制、战术研究、组织指导执勤备战、训练演练等工作。负责森林消防队伍建设、管理和森林消防应急救援专业队伍规划、建设与调度指挥,组织指导社会森林和草原消防力量建设,参与组织协调动员各类社会救援力量参加救援任务等。

国家安全生产应急救援中心:主要职责包括参与拟定、修订全国安全生产应急救援方面的法律法规和规章,制定国家安全生产应急救援管理制度和有关规定并负责组织实施。负责全国安全生产应急救援体系建设,指导、协调地方及有关部门安全生产应急救援工作。组织编制和综合管理全国安全生产应急救援预案。对地方及有关部门安全生产应急预案的实施进行综合监督管理等。

消防救援局:主要职责包括组织指导城乡综合性消防救援工作,负责指挥调度相关灾害事故救援行动。参与起草消防法律法规和规章草案,拟订消防技术标准并监督实施,组织指导火灾预防、消防监督执法以及火灾事故调查处理相关工作,依法行使消防安全综合监管职能。

5.4　旱涝灾害的应急预案与实施

5.4.1　突发旱涝灾害应急预案概述

5.4.1.1　突发旱涝灾害应急管理预案的概念及内涵

中国政府应急管理发展历程:

(1)新中国成立之初到改革开放之前,单项应对模式

在“一元化”领导体制下,我国建立了国家地震局、水利部、林业部、中央气象局、国家海洋局等专业性防灾减灾机构,一些机构又设置若干二级机构以及成立了一些救援队伍,形成了各部门独立负责各自管辖范围内的灾害预防和抢险救灾的模式,这一模式趋于分散管理、单项应对。

该时期我国政府对洪水、地震等自然灾害的预防与应对尤为重视,但相关组织机构职能与权限划分不清晰,在应对突发事件时,政府实行党政双重领导,多采取“人治”方式,应急响应过程往往是自上而下地传递计划指令,是被动式的应对。

(2)改革开放之初到2003年抗击“非典”,分散协调、临时响应模式

该时期,政府应急力量分散,表现为应对“单灾种”多,应对“综合性突发事件”少,处置各类突发事件的部门多,但大多部门都是“各自为政”。为提高政府应对各种灾害和危机的能力,中国政府于1989年4月成立了中国国际减灾十年委员会,后于2000年10月更名为中国国际减

灾委员会。

1999 年，朱镕基总理提出政府建立一个统一的社会应急联动中心，将公安、交管、消防、急救、防洪、护林防火、防震、人民防空等政府部门纳入统一的指挥调度系统。这种分散协调、临时响应的应急管理模式一直延续到 2003 年“非典”事件爆发。

(3)2003 年“非典”事件后至 2018 年初，综合协调应急管理模式

2003 年春，我国经历了一场由“非典”疫情引发的从公共卫生到社会、经济、生活全方位的突发公共事件。应急管理工作得到政府和公众的高度重视，全面加强应急管理工作开始起步。2005 年 4 月，中国国际减灾委员会更名为国家减灾委员会，标志着我国探索建立综合性应急管理体制。2006 年 4 月，国务院办公厅设置国务院应急管理办公室(国务院总值班室)，履行值守应急、信息汇总和综合协调职能，发挥运转枢纽作用。这是我国应急管理体制的重要转折点，是综合性应急体制形成的重要标志。同时，处理突出问题及事件的统筹协调机制不断完善，国家防汛抗旱总指挥部、国家森林防火指挥部、国务院抗震救灾指挥部、国家减灾委员会、国务院安全生产委员会等议事协调机构的职能不断完善。此外，专项和地方应急管理机构力量得到充实。

国务院有关部门和县级以上人民政府普遍成立了应急管理领导机构和办事机构，防汛抗旱、抗震救灾、森林防火、安全生产、公共卫生、公安、反恐、海上搜救和核事故应急等专项应急指挥系统进一步得到完善，解放军和武警部队应急管理的组织体系得到加强，形成了“国家建立统一领导、综合协调、分类管理、分级负责、属地管理为主的应急管理体制”的格局。

这种综合协调应急管理模式应对了汶川特大地震、玉树地震、舟曲特大山洪泥石流、王家岭矿难、雅安地震等一系列重特大突发事件，但也暴露出应急主体错位、关系不顺、机制不畅等一系列结构性缺陷，而这需要通过顶层设计和模式重构完善新形势下的应急管理体系。

(4)2018 年初开始，综合应急管理模式

2018 年 4 月，我国成立应急管理部，将分散在国家安全生产监督管理总局、国务院办公厅、公安部、民政部、国土资源部、水利部、农业部、国家林业局、中国地震局以及国家防汛抗旱指挥部、国家减灾委员会、国务院抗震救灾指挥部、国家森林防火指挥部等部门的应急管理相关职能进行整合，以防范化解重特大安全风险，健全公共安全体系，整合优化应急力量和资源，打造统一指挥、专常兼备、反应灵敏、上下联动、平战结合的中国特色应急管理体制。

当前，我国应急管理工作更加注重风险管理，坚持预防为主；更加注重综合减灾，统筹应急资源。现代社会风险无处不在，应急管理工作成为我国公共安全领域国家治理体系和治理能力的重要构成部分，明确了应急管理由应急处置向防灾减灾和应急准备为核心的重大转变。这个变革将有利于进一步推动安全风险的源头治理，从根本上保障人民群众的生命财产安全。

5.4.1.2　突发旱涝灾害应急管理预案的特征

(1)科学性。在处置应对突发旱涝灾害时必须有科学的态度，因为处置和应对突发旱涝灾害是一项系统的复杂工程，必须在全面实地调查研究的基础上，展开分析和论证，从而制定出一套严谨细致、协调有序、统一高效的处置方案，才能尽可能做到科学合理地应对突发事件。

(2)系统性。一是每个预案的设定应当包括完整应急预案的各个环节，明确突发旱涝灾害灾前、灾中、灾后的各个进程中，各个部门的职责；二是对可预见可能发生的旱涝灾害均有应急预案，最终使各个预案构成一个完整的体系。

(3)合法性。制定应急预案的过程要符合法治精神，符合法律程序，特别是应对预案涉及

的有关行政权力的运用要遵循有法可依，并要有明确的法律依据，组织指挥权权限、职责以及任务等都要有行政管理规定，切实保证应急工作的统一指挥。

(4)权威性。旱涝灾害应急预案一旦批准实施，就具有法律法规性意义，具有行政执行力和约束力，其内容在特殊时期内对灾害风险的应对具有权威性，当然，为应对突发旱涝灾害的新形式，旱涝灾害预案也必须不断地更新和完善。

(5)程序性。旱涝灾害应急管理预案的步骤和实施，要按照决策民主化、科学化的原则，调查研究，广泛征求社会各界的声音，特别是专家学者以及业务工作者的意见和建议，集中各个领域的呼声，从而达到应急预案有条不紊的实施。

(6)可操作性。旱涝灾害应急管理预案的制定要符合客观要求，总体上能行得通，抓好监测、预警、防灾、救灾和灾后恢复这5个环节，体现统一领导、分级安排的原则，重点建立好信息报告体系、科学决策体系、防灾救灾体系、恢复重建体系，注重制定预案的针对性，既要符合实际，又要有可操作性。

5.4.2　突发旱涝灾害应急预案的实施

突发旱涝灾害应急预案的实施过程一般分为以下3个步骤：

(1)应急救援预案的策划。为了使应急预案有针对性和可操作性，在制定预案编制工作中，队伍组织、物资准备等工作要充分，明确预案的对象和可用的应急资源情况，在全面系统的认识和评估旱涝灾害类型的基础上，识别出重要的灾害及其性质、区域、分布、灾害后果，并根据危险分析的实际结果，接着分析评估所在区域应急救援力量和资源情况。在进行应急策划时，应当列出国家、地方相关的法律法规，作为制定应急预案和应急工作授权的依据。

(2)成立预案编制团队。旱涝灾害应急预案编制工作的前提是建立预案编制工作团队，应急预案的编制是一项涉及面广、专业性强的团队工作，是一项非常复杂的系统性工程，所需的团队要求有工程技术、医疗救援、组织管理等方面的专业人才，应熟悉相应工作的各项内容。另外，还可以聘请相关领域的专家，为预案的设定提供咨询意见。

(3) 风险分析和应急能力评估。为保证应急预案的科学性和可操作性，必须在全面系统地认识和评价所针对的潜在突发事件类型的基础上，识别重要的潜在事件、性质、区域、分布和事故后果，并根据危险分析的后果，分析应急救援力量和可用资源的情况，为所需要的应急资源准备提供建设性意见，这一过程也称为应急预案风险分析。

5.5　突发旱涝灾害减灾的法律法规

5.5.1　我国突发旱涝灾害减灾的法律法规现状

2007年11月1日《中华人民共和国突发事件应对法》的正式实施，标志着我国公共防灾减灾法律体系的基本形成。截至目前，我国已制定涉及突发事件应对法律35件、行政法规37件、部门规章55件，有关文件111件，31个省份制定了本地区的总体预案，标志着我国公共应急法律体系基础形成。

(1)国家已出台有关突发旱涝灾害应急管理法律法规。目前，我国出台的与突发旱涝灾害应急管理有关的法律法规有《中华人民共和国气象法》《中华人民共和国防洪法》《中华人民共和国防汛条例》《气象灾害防御条例》、中国气象局16号令《气象灾害预警信号发布与传播办法》、国务院《国家突发公共卫生事件总体应急预案》《国家旱涝灾害应急预案》等。2010年1月20日，国务院常务委员会审议并通过《气象灾害防御条例》，是继《人工影响天气管理条例》之后，我国制定的第二部与《中华人民共和国气象法》相配套的气象行政法规。2018年，《中国气象局关于加强气象防灾减灾救灾工作的意见》进一步加强了旱涝灾害的防灾减灾应急处理办法。

(2)各省份已出台有关旱涝灾害应急管理法律法规。31个省(区、市)都制定了当地的《中华人民共和国气象法》实施办法或气象条例，这些气象灾害实施办法或气象条例都对旱涝灾害防御进行了相关规定，但是没有对突发应急灾后方面的问题进行规定。目前，已有山西、内蒙古、黑龙江、山东、江苏、贵州、安徽、四川等15个省(区、市)制定了气象灾害防御的地方性条例或地方政府规章。这些省份的气象灾害防御条例均对突发旱涝灾害灾后应急管理进行了比较明确的规定。

5.5.2 我国旱涝灾害灾后应急管理法制存在的问题

(1)应对旱涝灾害的管理体制尚不健全。现有的管理体制针对单一、小范围的旱涝灾害事件能够应对和处理，一旦面对复杂、大范围的旱涝灾害及其衍生的次生灾害、灾害链，这时应急管理体制就会因为缺乏对突发旱涝灾害的统一管理、稳定的指挥和协调，从而形成无法真正调动各方面的积极性，有效地整合各种社会资源。尤其发生突发性洪灾，例如2020年受夏汛及南方整体降水偏多的气象背景下，我国南方多省份发生洪涝灾害，造成巨大的人民生命财产损失。虽然我国已经建立“国家防汛抗旱总指挥部”全国性常设重大气象灾害的应急机构，在党的关怀和人民军队的奋战下，取得了阶段性胜利，同时，也要认识到在救灾减灾的资源与发达国家相比还有较大差距，导致救灾运行成本增加，增加救灾难度。

(2)检测系统、预警预报能力有待提高。我国已初步建立比较现代化、比较完善的中国气象灾害监测网，初步建立起由地面检测、高空探测及遥感卫星探测的立体观测体系。但从2020年防汛抗旱情况来看，对于天气气候及各种灾害监测手段还有不足，综合性气象监测体系还不太完善。地面气象观测点空间密度还有待增加，尤其在易发旱涝灾害的山区分布更为稀疏；雷达卫星监测、生态气象灾害监测、应急移动观测硬件设施等数量有限，造成对突发性气象灾害的有效监测滞后。这方面国家也在加强建设，最新一颗运行在晨昏轨道的风云三号卫星和风云四号的首发业务卫星即将进入发射计划日程。未来，我国将不断提高气象卫星监测的精度和机动性，实现卫星之间联动，为公众迅速获取信息和服务提供便利。

(3)旱涝灾害评估技术和手段相对落后。《国家突发公共事件总体应急预案》对调查与评估进行了一定的规定：强调对重特大公共事件的起因、性质、影响、责任、经验教训和恢复重建等问题进行调查评估。可见灾害评估贯穿了整个灾害应急管理和防汛抗旱的过程，因此灾害评估工作在整个过程中处于非常重要的地位。但是，目前我国旱涝灾害评估存在明显的不足：重视灾后灾情评估统计与灾害过程的天气气候分析，忽视灾前的灾害风险评估；灾害风险评价理论和方法有待完善，气象灾害风险因素评价自然属性的较多，社会属性的较少；单一气象灾害风险研究较多，综合气象灾害风险研究较少；缺乏精细化气象灾害风险区划，重点工程建设的气象灾害风险研究较少；不易量化的气象灾害风险因素的评估中如何体现，这些都有待提高。

(4)气象应急保障能力和体系尚需加强。在全球气候持续变暖的大背景下,突发性旱涝灾害频率增加、强度增大、气象应急保障能力和体系建设有待跟进现代化气象业务与突发气象灾害应对的需求,我国目前的气象灾害监测站网布局和观测要素综合设计水平不高,存在盲区和空白区,尤其在灾害易发地受经济、自然等因素的影响,还不能满足制作精细化旱涝灾害预报的需求,特别在中小尺度可移动气象监测系统还不足以满足需求。

5.6　突发旱涝灾害减灾的综合管理

开展旱涝灾害的防灾减灾工作必须有相关的法律法规作保障,规范各行业的职责和权利,高效率地组织社会各行各业和公众,调动和协调全社会各方面的力量,有序、有效地抗御各种旱涝灾害。《中华人民共和国气象法》规定了旱涝灾害防御各项工作的责任主体与相关要求,从法律上确立了气象部门在旱涝灾害防灾减灾工作中的地位。

5.6.1　立法在减灾中的作用

目前,《中华人民共和国气象法》《气象灾害防御条例》《气象灾害预警信号发布及传播管理办法》的发布,已经从法律上保证了旱涝灾害监测、预警系统建设、旱涝灾害预警信息制作与发布及刊播等环节,从法律上保证了旱涝灾害防灾减灾工作的顺利执行。

我国气象部门高度重视突发旱涝灾害减灾立法工作,正逐步建立和完善各项法律法规和规章制度。随着国民经济的迅速发展,城市尤其是大城市建设的突飞猛进,城市系统受旱涝灾害的影响日益凸显,同等致灾条件下的灾害损失总量也相应增大。需要与时俱进,进一步建立健全城市突发旱涝灾害减灾法律法规体系。

5.6.2　突发旱涝灾害减灾立法的回顾

我国的气象立法可分成4个阶段。2000年以前,在气象部门内部制定了一些行业规定、规范以及相关的管理办法,1999年10月31日由第九届全国人大常委会第十二次会议审议通过了《中华人民共和国气象法》,并于2000年1月1日开始施行,标志着我国突发旱涝灾害减灾工作走上法制的轨道。这是一部规范气象探测、预报、服务和气象设施建设、气象灾害防御、气候资源利用、气象科学技术研究等活动的行政性法律;根据《中华人民共和国气象法》,气象部门制定了一些相关规定,以及相应的地方突发旱涝灾害减灾法律法规。目前我国负责抗旱的机构是国家防汛抗旱总指挥部,根据国务院2008年机构改革方案,国家防汛抗旱总指挥部具体工作由水利部承担。按照《中华人民共和国防洪法》、《中华人民共和国防汛条例》、《中华人民共和国抗旱条例》和国务院"三定方案"的规定,国家防汛抗旱总指挥部在国务院领导下,负责领导组织全国的防汛抗旱工作。对各级政府在旱涝灾害防御中的地位和作用、气象部门的责任和义务以及旱涝灾害监测和预报等内容都作出了明确规定;2003年后,为了响应我国应急体制建设,气象部门制定了一系列旱涝灾害监测预警、旱涝灾害信息发布、气象灾情收集上报评估、应急处置方面的减灾规章和行业规定,规范了突发性灾害气象应急保障的组织机构、运行机制、应急程序、启动条件、灾情收集、评估等环节,使各项突发旱涝灾害减灾工作有法可依、有章可循。

5.6.3 相关法律

在突发旱涝灾害减灾的地方性法律方面,2002 年重庆市制定了《气象灾害防御条例》并于 2005 年重新修订,规定了旱涝灾害防御活动和工作职责,包括编制旱涝灾害防御规划、旱涝灾害监测、预报、预警,广播、电视、电话等媒体在气象预警信号发布中的工作职责。明确了政府职能部门根据气象部门提供的旱涝灾害信息启动应急预案,开展应急管理的工作职责。规定了气象部门组织实施人工影响天气作业,以及对新建、扩建建设项目安装雷电防护装置的职责等。

2003 年天津市、2005 年重庆市先后出台了《气象条例》,规定气象部门应准确、及时发布气象预报,组织本行政区域内灾害性天气的监测、预警,为政府部门防御旱涝灾害提供决策依据。在政府的领导、协调下,负责管理、指导和组织实施人工影响天气工作,组织管理雷电灾害防御工作,制订雷电防护装置检测计划,对雷电防护装置检测单位的资质认定并监督管理。规定公众气象预报、灾害性天气警报和天气实况公报实行统一发布制度;规定广播、电视台站应依法刊播公众天气预报和灾害性天气预警,且使用气象主管机构所属气象台提供的气象信息,并标明发布时间。

5.7 旱涝灾害的应急信息管理

在突发旱涝灾害应急管理活动中,有大量数据需要国家、省、市、县各级气象局,响应的各级政府及有关部门和公众之间进行交流。如果缺乏现代化手段,没有先进的应急平台作为强有力的后盾支撑,就无法达到快速、准确、高效的突发旱涝灾害应急响应,无法实现有效预防、统一指挥、科学决策、协同作战、资源共享、及时响应的应急管理要求。

气象应急平台体系建设是国家应急平台层级体系建设的重要、有机组成部分,对应并依托国务院应急平台体系结构,建设以中国气象局应急平台为中心,以省、市、县气象应急平台为分节点,上下贯通、左右衔接、互联互通、信息共享、互有侧重、互为支撑、安全畅通的国家突发旱涝灾害应急平台体系,可实现对突发旱涝灾害事件的监测、预警、信息报告、综合研究、辅助决策、指挥调度等,实现突发旱涝灾害事件的相互协同、有序应对,满足国家和各地方政府、各级气象部门应急管理工作的需要。

(1)中国气象局应急平台平时满足值守应急的需要,与各省级气象局应急平台互联互通,通过国务院应急平台与各省级政府、有关部委应急平台保持互联畅通,可实现实时的气象预警,以及灾害天气预报实时预警。特别重大气象事件发生时,可以在中国气象局应急指挥平台下召开视频会议,实时查看了解当地实时情况,进行异地会商,调用下级气象局应急平台的数据及相关资料,对事态发展进行仿真模拟和研判分析,实施统一调度。

(2)省级气象局应急平台满足本级行政区域应急管理工作的需要,实现与市、县气象局应急平台互联互通,并通过省级政府应急平台与各级有关部门应急平台互联互通,重点实现监测监控、信息报告、综合研判、指挥调度、移动应急平台与异地会商的主要功能。按照中国气象局和省级气象局应急平台要求完成的任务,提供所需要的相关数据、图像、语音和资料等,并根据有关授权及规定,向有关部门提供相关资料,实现资源共享。

(3)市、县气象局应急平台是国家气象应急平台体系的基础和延伸,各基层气象部门要结合实际，重点实现监测监控、信息报告、综合研判、指挥调度等功能。特别要采取多种方式和途径，实时获取现场图像信息并及时上报，提供上级应急平台所需的相关数据、图像、语音和资料等。在特别重大突发旱涝灾害事件发生时，可以直接向中国气象局应急平台报送现场图像等有关信息。

5.8 旱涝灾害应急的协调联动

5.8.1 旱涝灾害应急协调联动的必要性

旱涝灾害常常引发各种水文灾害、地质灾害、环境灾害和生物灾害等次生灾害及衍生灾害，气象部门的自身业务与技术优势主要是在旱涝灾害的监测、预报、预警、信息管理与应急保障等方面，大多数旱涝灾害的具体防灾减灾行动需要通过社会各界与各部门、各行业的协调行动才能付诸实施，有些重大旱涝灾害还需要周边省(自治区、直辖市)开展联合行动。因此，建立在市政府统一领导下，气象部门与各相关部门的协调联动机制，是实现科学、高效减灾的关键。

在旱涝灾害的减灾综合管理过程中，气象部门应服从政府减灾管理部门的统一领导，气象部门内部各相关单位在省(自治区、直辖市)级以上气象主管机构的领导下，分工协作，上下或横向联动，形成部门的整体合力。在突发旱涝灾害减灾的各个具体环节需要针对具体情况，与其他相关部门协调联动。如城市出现突发性洪涝灾害时，离不开与水务、市政、交通等部门的协调与合作；大雾、冰雪等灾害需要气象、交通、环卫部门的密切协作，雾、霾与沙尘天气需要气象、交通、环保、医疗等部门的密切协作。

5.8.2 旱涝灾害应急的协调联动

在旱涝灾害减灾过程的每个环节中都需要针对具体情况，加强与其他相关部门的协调联动。气象部门根据天气、气候变化情况及防灾减灾的需要，按规定及时向各有关地区和部门提供旱涝灾害监测、预报、预警信息；各级减灾组织协调机构要认真履行气象灾害防御的综合协调职责，进一步完善气象、水利、交通、环保、市政、国土资源、民政、公安、建设、铁道、信息产业、农业、卫生、民航、安全监管、林业、旅游、海洋等各有关部门互联互通的灾害信息机制，加强灾害应对工作的协调联动，形成防灾减灾工作合力。工作机制明确，遇到重大旱涝灾害时，气象主管机构所属气象台站须及时发布预警信号及相应的气象服务产品，并提前通报有关单位和部门按照方案做好相应准备。在发布预警信号后，有关单位和部门须启动应急联动程序，做好信息共享和协同合作。

各级政府部门要建立突发旱涝灾害减灾协调联动工作机制，明确工作职责，制定应对突发旱涝灾害的工作规程，落实各项联动工作内容。根据实际情况，采取联席会议和工作会商等形式，及时研判灾情、分析形势、掌握需求，定期交流工作进展情况，解决联动工作中的困难和问题，为做好应急救助联动工作提供组织保障。

加强沟通，建立突发旱涝灾害减灾联动工作信息共享机制。依托现有信息系统资源和信息处理手段，加大资源共享力度，做到互通互联，实现应急信息的快速、准确传递。

密切配合，共同做好应急处置工作。在原有应急预案的基础上，进一步充实完善相关工作内容，落实突发旱涝灾害减灾各项联动工作要求，实现应急预案的对接，共同做好应急救济的各项工作。

突发旱涝灾害减灾应急协调联动工作是旱涝灾害应急管理体系建设的重要内容之一，也是提高气象应急管理水平的必然要求。

5.9 重大突发公共事件的应急气象服务

5.9.1 重大突发公共事件应急气象服务的必要性

(1)坚强的组织领导是做好应急气象服务工作的前提。应急气象服务往往需要打破常规进行监测、预报和服务，涉及部门多，头绪繁杂。同时灾害性天气的发生本身存在着很多不确定性，需要不断根据最新天气形势变化调整工作方案，安排部署防灾减灾工作，此时坚强的组织领导和统一的指挥协调是确保各项工作有序开展必不可少的前提。

(2)超前、准确的预报预警信息是做好应急气象服务工作的关键。气象部门的预报结论是政府决策部门科学安排部署防灾减灾工作的重要依据，预报结论的正确与否直接关系防灾减灾工作的成败。气象部门提前作出准确趋势预报和提前果断发布预警消息，可以为政府有效指挥抗灾提供科学依据，赢得时间和主动。

(3)加强多部门联动是做好应急气象服务的重要举措。旱涝灾害与经济社会发展和人们生产生活息息相关，影响范围广，涉及行业多。因此，加强气象部门与各行业部门之间的联动，确保其提前依据准确及时的预报预警信息有效地组织和实施防灾减灾，才能最大程度地体现气象服务效益。

(4)要善于借助社会新闻媒体的力量，使气象信息效益最大化。灾害性天气的发生往往突发性强、时效短，仅仅依靠每天固定的时间进行灾害性天气预警信息播报显然会错失最佳防灾减灾时段。因此，主动联系社会新闻媒体增播和插播气象信息，确保气象信息在社会公众中的覆盖面最大化，为成功实施防灾减灾起到重要作用，是实现气象信息效益最大化的有效途径。

5.9.2 突发公共事件应急气象服务的不足

(1)要进一步提高天气实况信息的综合监测分析能力。在重大灾害性天气发生之时，仅仅依靠气象部门当前固定的观测记录模式，已经难以满足政府领导和社会公众需要随时了解天气实况信息的要求，因此，加密对天气实况信息的监测，提高旱涝灾害监测时间密度和精度，增强实时气象资料及时有效的分析处理能力势在必行。同时要继续加强旱涝灾害监测预警系统建设，各级政府部门要在机场、港口、车站、学校、旅游景点等人员密集场所，高速公路、国道、省道等易受洪涝灾害影响的重点路段加强预警建设；在农牧区、山区等易受干旱影响的地区建立起畅通、有效的预警信息发布与传播渠道，扩大预警信息覆盖面。

(2)要进一步加强旱涝灾害的延伸预报服务。目前，气象部门对重大灾害性天气过程的预报服务做到了准确及时，但对灾害性天气将会造成什么影响研究不深，提及较少，使得相关政府领导在作防灾减灾决策指示时无从下手，针对性不强。如：在 2009 年 11 月 9—12 日的暴雪过程中，气象部门在《重要天气报告》中仅仅提醒交通部门注意防范，并未涉及农业部门，从而造成农业部门提前防范不足灾害损失严重，由此可见旱涝灾害延伸预报服务的重要性。

(3)要进一步深化防灾减灾机制建设。干旱、暴雨、洪涝等灾害对公众生活、社会经济发展的影响愈来愈显著,需要进一步加强气象防灾减灾体系建设,深化"政府主导、部门联动、社会参与"的防灾减灾机制建设,出台省级旱涝灾害专项应急预案,构建旱涝灾害应急处置多部门联动机制。

第6章　旱涝灾害减灾的能力建设

气象应急平台体系建设是国家应急平台层级体系建设的重要组成部分，对应并依托国务院应急平台体系结构，建设以中国气象局应急平台为中心，以省、市、县气象应急平台为分节点，上下贯通、左右衔接的国家旱涝灾害应急平台体系。

6.1　旱涝灾害减灾能力建设的内涵与途径

旱涝灾害减灾是一项系统工程，能否实现科学、高效的减灾，归根结底取决于旱涝灾害减灾的综合能力。旱涝灾害减灾能力是多种减灾能力要素的综合体现，主要由承灾能力、应急能力和恢复重建能力3部分组成，这3个方面的影响因素各有侧重又相互交叉。

对于旱涝灾害的应急能力主要取决于减灾管理应急机制的建设、灾害预警能力、应急救援能力、抢险救灾物资储备能力、公众应急能力等。在遭受重大旱涝灾害之后的恢复重建能力主要取决于经济发展水平和经济实力，同时也取决于组织管理水平和区域自然条件。上述3项能力都需要科技支撑，科技发展水平与创新能力关系到城市突发旱涝灾害减灾综合能力的整体提高。

6.1.1　旱涝灾害减灾能力建设的途径

(1)增强社会经济的可持续发展能力。社会经济发展纳入可持续发展的轨道是减灾能力建设的根本所在。环境问题归根到底是发展问题，突发旱涝灾害减灾也是如此，强大的经济实力是减灾能力建设的物质基础。

(2)科学的城市规划、基础设施建设。要把减灾纳入城市规划，建立健全城市防灾工程体系和基础设施，特别是生命线系统，才能实现高效率的减灾；缺乏科学规划，布局混乱的城市，必然隐患严重，城市的减灾资源也难以调动和整合；落后的城市生命线系统不但难以承担应急减灾的需要，本身也往往成为旱涝灾害巨大的风险源。在城市发展规划中，必须设计和建设一批应急避险场所。

(3)加强生态环境建设。生态环境破坏是灾害之源，生态环境建设是减灾之本。虽然经济发展决定了减灾的物质基础，但我们决不能走先污染后治理的老路。治理城市周边的大气污染、水土流失，增加城市绿地，改善区域水环境等，能够在一定程度上缓解气候的恶化，减轻旱涝灾害。

(4)突发旱涝灾害减灾的应急管理能力培养。善于运用科学发展观的城市领导具有很强的组织协调能力，能够充分调动全社会的力量，实现突发旱涝灾害减灾资源的优化配置。包括组织机构的建设与完善、健全减灾法制与预案等。

(5)气象应急救灾能力的培植。包括旱涝灾害预警能力、应急抢险救援能力、救灾物资储备数量等,需要气象、民政、水务、市政等有关部门通力合作,加强业务建设,市政府应从组织与资金上给予保障。

(6)公众安全文化素质与减灾技能的培养。公众的安全文化素质与减灾技能在很大程度上决定着减灾管理部门的决策与行动能否全面落实,发达国家与发展中国家在突发旱涝灾害减灾能力上最大差距就在于此。要把减灾教育纳入基础教育,进行经常性的科普培训、志愿者队伍的组织和训练、防灾演练等。

(7)促进突发旱涝灾害减灾科技进步。包括突发旱涝灾害减灾的管理科学、气象预测预警技术、突发旱涝灾害减灾工程技术、民用减灾技能等,要加强对相关减灾科技部门和科研项目的支持,鼓励对突发旱涝灾害减灾方法研究的科技创新。

6.1.2　旱涝灾害应急平台系统结构

旱涝灾害应急平台是一个庞大的、综合的管理信息系统、通信系统、计算机系统、计算机网络系统在其中起至关作用,各级气象部门通过旱涝灾害应急平台完成气象监测监控、信息报告、综合研判、指挥调度、移动应急平台和异地会商等突发旱涝灾害应急管理活动中的信息交互过程。

支持突发旱涝灾害事件应急处置的话音、数据、视频等传输,应充分利用已建成的和规划建设的公众与专用信息网络、有线与无线通信资源,实现中国气象局与各省级气象局应急平台间以及与特别重大突发旱涝灾害事件现场移动应急平台的互联互通,确保应急处置中通信网络的安全通畅。并在具备条件的情况下,保障应急处置人员的通话优先权。

(1)电话调度系统。电话调度系统由普通电话调度、IP电话调度、无线调度等系统组成,其中普通电话调度、IP电话调度应满足同时组织多组独立电话会议的需要,各系统电话会议容量应满足多方(如20人以上)同时通话的需求。

(2)多路传真系统。实现支持多路(如:不少于8路)传真同时收发,支持接收传真自动识别分发、传真到达自动提示、人工接收确认等功能。系统支持发送传真优先级设置、紧急传真优先发送、传真线路自动负载均匀的功能;系统支持与各部门、省级应急平台已建的多路传真系统互联,满足应急值守的需要。

(3)卫星通信系统。充分发挥VSAT(最小地球站)卫星通信网在突发旱涝灾害应急管理中的作用。VSAT卫星通信网覆盖面广,通信距离远,容量大,传输质量好,基本不受地形、地物限制和大气层的影响。它能够迅速动态组网和方便地安装在汽车、火车、军舰上,也能够由人工背负,能够迅速有效地解决边远山区的通信难问题。尤其对于中远距离的信息传输以及通信设施薄弱的地区迅速建立稳定可靠的通信联络具有重要的作用,是高技术条件下突发旱涝灾害应急管理中非常重要的通信手段。

6.2　旱涝灾害的备灾

备灾指灾害的应对准备工作。主要指发生之前所做的抢险救援物资设备、避险场所、资金、医药、食物、饮用水、人员、技术等方面的储备,广义的备灾还包括建立指挥机构、通信保障、应急预案的编制和抢险救援的演习等。大多数旱涝灾害具有突发性，如无必要的储备，灾害一旦突发就会措手不及，来不及调动所需的物资、装备和人员，从而延迟抢险和救援的行动，甚至错失时机，造成巨大的灾害损失。救灾是一项时效性很强的工作，只有在最短时间里把救灾物资发放到灾民手中，把抢险物资和器材运到灾害现场，才能最大限度地减轻灾害损失。

6.2.1 我国灾备工作情况

我国自1998年长江流域特大洪涝之后开始建立中央级救灾物资储备制度，在全国11个城市建立了中央级救灾物资储备点，还建立了一批省级库与地市、县级库。救灾物资储备网络已初步形成。一旦灾害发生，救灾物资可以在第一时间迅速运往灾区，保证受灾群众的基本生活需求和开展救援工作的需要。目前，已经有越来越多的非政府组织参与到备灾工作中来。中国红十字会已在全国建立6个区域性备灾救灾中心，还建立了13个省级备灾救灾中心和30多个地市县级备灾库，初步形成中国红十字会救灾物资储备网络。平时作为接收募捐、仓储和培训基地，灾时则是进行灾害救助的枢纽。中华慈善总会也以扶贫济困为宗旨，筹集了大量救灾款物。

亚洲备灾中心原为非政府国际基金组织，1986年在曼谷成立，以"通过减灾实现社会的安全和可持续发展"为宗旨。多年来中国派出大批政府官员和专家学者，参加该中心主办的灾害管理培训，并合作开展灾后评估、技术支持、制订减灾计划、参与编辑中国灾害管理培训手册等活动。2004年12月26日的印度洋地震海啸和2005年3月底的印尼强烈地震使亚洲防灾减灾面临严峻挑战。亚洲备灾中心对原章程进行了修改，转变为政府间国际组织，以适应地区防灾减灾形势发展的需要。2005年4月5日中国政府在亚洲备灾新章程上签字，成为创始成员。

中国对信息系统灾备建设高度重视，在政策支持方面逐级加深。2003年7月22日，温家宝总理在国家信息化小组第三次会议上指示，要求各基础信息网络和重要信息系统建设要充分考虑抗毁性与灾难备份，制订和不断完善信息安全应急处置预案。随后，2003年9月7日，中共中央办公厅、国务院办公厅发出通知，转发了《国家信息化领导小组关于加强信息安全保障工作的意见》(中办发〔2003〕27号)。文件要求各基础信息网络和重要信息系统建设要充分考虑抗毁性与灾难恢复，制订和不断完善信息安全应急处置预案；灾难备份建设要从实际出发，提倡资源共享、互为备份；加强信息安全应急支援服务队伍建设，鼓励社会力量参与灾难备份设施建设和提供技术服务，提高信息安全、应急响应能力。

2004年1月9日，国务院副总理黄菊在全国信息安全保障工作会议上进一步强调，要提高抵御灾难和重大事故的能力，减少灾难打击和重大事故造成的损失，确保重要信息系统的数据安全和作业的持续性，避免引起重要社会服务功能的严重中断，保障社会经济的稳定。同年9月，国务院信息工作办公室下发了《关于加强国家重要信息系统灾难备份工作的意见》(信安通〔2004〕11号)，进一步贯彻了中办发〔2003〕27号文件精神。文件要求国家重要信息系统灾难备份要坚持"统筹规划、资源共享、平战结合"三大原则。同时，灾难备份建设要从实际出发，提倡资源共享，可以采用自建、共建和利用社会化服务等模式，鼓励社会力量参与灾难备份设施建设，提倡使用社会化灾难备份服务，走专业化服务道路。

2005年4月，国务院信息工作办公室下发了《关于印发重要信息系统灾难恢复指南的通知》。指明了灾难恢复工作的流程、灾备中心的等级划分(6个等级)及灾难恢复预案的制订框架。

2006年3月,中共中央办公厅、国务院办公厅发布《2006—2020年国家信息化发展战略》。在"建设国家信息安全保障体系"中要求信息系统建设要从实际出发,促进资源共享,重视灾难备份建设,增强信息基础设施和重要信息系统的抗毁能力和灾难恢复能力。2006同5月,信息产业部发布《信息产业科技发展"十一五"规划和2020年中长期规划(纲要)》(信部科〔2006〕209号)。明确将"应急响应和灾难恢复技术"作为今后的发展重点。

2008年3月,国家发展和改革委员会下发了《国家发展改革委办公厅关于请组织申报2008年第一批国家工程研究中心及国家工程实验室项目的通知》(发改办高技〔2008〕622号),"灾备技术国家工程实验室"项目名列其中。这意味着国家加快推进信息系统灾难备份战略,促进灾备技术标准体系、关键技术研究和人才培养,以及提高我国容灾备份领域的自主创新能力,规范、促进我国灾备市场的健康发展,为建设我国自主可控的灾备体系提供技术支持。2008年11月,国家发展和改革委员会在《国家发展改革委办公厅关于组织实施2009年信息安全专项有关事项的通知》(发改办高技〔2008〕2494号)中,首次将"应急与灾备标准"作为重点支持项目,标志着国家进一步完善灾难备份相关关键标准的策略。

2009年信息安全专项中还对"容灾备份软件产业化项目"和"基于介质的数据恢复、容灾备份信息安全专业化服务"进行了重点支持,这表明国家开始对灾难备份产业进行全方位推进。2009年5月,国家发展和改革委员会正式发文《国家发展改革委办公厅关于灾备技术国家工程实验室项目的复函》(发改办高技〔2009〕1160号),批准由北京邮电大学作为法人单位,联合清华大学、中科院计算所和中国邮政集团公司共同参与,建设中国唯一的专门从事灾备相关标准制订、关键技术研发、产业化服务和人才培养重任的"灾备技术国家工程实验室",这标志着国家开始全面启动灾备产业发展战略。

6.2.2　救灾物资的储备

物质准备是备灾工作的基础与主体,包括以下几类:

(1)灾民短期生存的必需品。发生重大旱涝灾害,灾民的家园或生存环境遭到严重破坏之后,应及时提供物资救助以解决短期生存所需。包括帐篷、衣物、棉被或毛毯、方便食品、饮用水、简易厕所等,有时还需提供毛巾和卫生用品、餐具、手电等。

可能发生灾民短期生存问题的城市旱涝灾害及次生灾害包括特大暴雨与洪水、山地城市由暴雨引发的特大泥石流或滑坡、能够毁坏房屋的特大风灾(龙卷风或超强台风或特强沙尘暴)、使城市与外界交通暂时断绝等。此外,特别严重的干旱缺水也有可能造成短时的饮用水危机。如2006年重庆发生百年不遇的伏旱与高温,持续出现35 ℃以上的高温,极端最高气温达44 ℃,市政府千方百计腾出了部分房屋和会议室供家中没有空调器的居民纳凉。对于没有空调的公交车,每个座位前面都放置一桶冰块以降温防暑。

2020年入汛以来,我国南方地区发生多轮强降雨过程,造成的多地发生较重洪涝灾害。贵州省减灾办于6月8号08时紧急启动省级四级自然灾害救助应急响应。贵州省应急管理厅先后派5个工作组紧急赶赴罗甸县、从江县等重灾区查看灾情,指导救灾救助工作。6月9号,贵州省应急管理厅向从江、罗甸重灾区紧急调拨救灾帐篷300顶、单衣裤2000套、棉被1300床及折叠床、大功率发电机等一批救灾物资,支持帮助灾区做好受灾群众安置救助工作。江西省应急管理厅连续召开视频会议,调度了解各地灾情和救灾工作,研究支持措施。根据灾情发展，针对上栗县、芦溪县严重洪涝灾情，按照《江西省自然灾害救助应急预案》规定，江西省减灾委、省应急管理厅于6月6日08时紧急启动省级四级救灾应急响应，会同省财政厅派出联合工作组紧急赶赴萍乡等地查灾核灾，指导当地做好防汛救灾工作。同时，紧急下拨1400余件(床)棉被、毛毯、折叠床、竹席等救灾物资，省财政厅研究下拨省级应急救灾资金，支持灾区做好受灾群众转移安置和抗灾救灾工作。

(2)医疗救治和消毒防疫用品。包括急救车、担架、轮椅、急救器材和药品、消毒剂、疫苗和注射器等，特别是在重大洪涝灾害之后，需要大量的消毒药剂、防病疫苗和饮用水源清洁剂。

(3)抢险器材与机械。针对不同的灾害类型，由相关业务部门与地方政府储备和提供。如针对洪涝灾害需储备加高加固堤防所需的水泥、沙袋、土料、石块、麻袋或编织袋等，救生圈与救生船，抢险工程所需的挖掘机、推土机、载重卡车等及各种工具。针对干旱缺水应储备开辟应急水源的打井机械与器材，挖掘现有水源潜力的水泵与运水车，以及输水用的临时管线等。气象部门还要准备人工增雨所需的物资与喷洒器材。针对路面雪后结冰堵塞交通，需要准备足够的融雪剂及撒播器具，以及凿冰铲雪器械。还有消雾所需的凝结剂及撒播机械。

(4)交通、通信、信息处理器材。包括越野车、无线通信设备、GPS、车载电台、摄录像器材、计算机、打印机和传真机等，以备在受灾害影响正常的交通和通信手段失效时应急使用。

6.3 应急救援队伍建设

6.3.1 应急救援队伍建设的含义

应急救援是应对突发事件、保障人民群众生命财产安全的最后一道防线，而应急救援队伍建设是应急救援工作的核心。当前，我国基本形成了以公安消防、武警、解放军为骨干和突击力量，以防汛抗旱、抗震救灾、森林防火、海上搜救、铁路事故救援、矿山救护、危险化学品事故救援、核应急、医疗救护、动物疫情处置等行业领域专业队伍为基本力量，以企事业单位专兼职队伍，社会救援力量、应急志愿者为辅助力量的应急救援队伍体系。

(1)应急救援队伍是应急管理体系建设的重要组成部分，是防范和应对突发事件的重要力量。加强和健全应急救援队伍，在预防和处置各类突发事件中具有重要作用。

基本原则。坚持专业化与社会化相结合，提高应急救援队伍的应急救援能力和社会参与程度；坚持立足实际，按需发展，兼顾政府财力和人力，充分依托现有资源，避免重复建设；坚持统筹规划、突出重点，逐步加强和完善应急救援队伍建设，形成规模适度、管理规范的应急救援队伍体系。

(2)加强综合性应急救援队伍建设。要进一步健全完善体制机制，加大投入力度，完善队伍布局，提高救援装备水平和应急处置能力，保障专业应急救援队伍长远稳定运行。

一是要充分发挥政府在规划、标准、投入等方面的主体功能，统筹规划专业应急救援队伍的种类、数量、层次、布局等，制定各级各类救援队伍建设标准及管理办法，保障人员、装备、资金等方面的持续稳定投入，推动专业应急救援队伍建设和运行进入可持续发展的轨道。

二是要加强综合应急救援队伍标准化建设，强化救援人员配置、装备配备、日常训练、后勤保障及评估考核，健全快速调动机制，提高队伍综合应急救援能力，做到一专多能。

三是要优化专业应急救援队伍布局，扩大单支应急救援队伍的有效保障范围，提升其能力，同时要根据经济社会发展的新形势，拓展应急救援服务行业领域，积极推进行业领域专业救援基地和队伍建设。

四是要大力推进技术进步，提高应急救援技术装备水平，积极应用先进研发成果，加强机动灵活、适应性强的专业救援装备配备，切实提升应急救援队伍的专业救援能力。

6.3.2 我国现阶段应急救援队伍的不足

从我国专业应急救援队伍发展现状及近年来重特大突发事件的处置救援情况来看，应急队伍专业和区域分布结构不均衡、救援装备和核心能力不足、专业救援人员缺乏等问题较为突出。专业应急救援队伍对重点行业领域、重点地区的覆盖不全面，部分产业集聚区及事故多发区、新兴高危行业领域的专业应急救援队伍建设还有待加强；专业应急救援队伍，特别是基层队伍的装备种类不全、数量不够，专业化实训演练条件差，难以满足复杂灾害事故应对的客观需求；专业应急救援队伍建设与运行体制机制存在不足，部分应急救援队伍运行较为困难；专业救援人员配备与承担的任务还不相适应，如我国部分超大城市的消防员占人口的比率仅为0.04%。

6.4 科技创新与技术储备

6.4.1 构建科技创新与技术储备的对策

一是要继续开展交通防灾减灾基础性、前瞻性关键技术研究。加快形成交通防灾减灾系列技术储备，继续保持稳定的科技投入，加快建设一支高水平的防灾减灾专业人才队伍，重点做好抗震重大专项研究的组织实施工作。二是要加强防灾减灾科技成果的转化应用。积极探索科技成果转化应用的新模式，在转化应用中不断增强成果的成熟度和实用性，并将其及时纳入标准规范，从而进一步扩大成果的应用范围。三是要不断深化防灾减灾科技合作与交流。集中行业内外优秀科技资源，不断拓宽国际合作与交流，广泛学习借鉴国外先进理论和技术，提升交通科技的竞争力和国际地位。

6.4.2 我国构建五级救灾物资储备体系的现状

2015年9月，民政部、国家发展改革委、财政部、国土资源部、住房城乡建设部、交通运输部、商务部、国家质检总局、国家食品药品监管总局9部委(局)联合印发《关于加强自然灾害救助物资储备体系建设的指导意见》，对未来一段时间内全国救灾物资储备体系建设的指导思想、主要目标和任务以及保障措施作出明确规定，首次提出要着力构建“中央—省—市—县—乡”纵向衔接、横向支撑的五级救灾物资储备体系，将储备体系建设延伸到乡镇(街道)一级。民政部有关负责人指出，我国救灾物资储备体系建设虽已取得一定成效，但与日益复杂严峻的自然灾害形势和社会各界对减灾救灾工作的要求和期待相比，救灾物资储备体系建设还存在一些共性问题，如储备库布局不甚合理、储备方式单一、品种不够丰富、管理手段比较落后、基层储备能力不足等。近年来，基层救灾物资储备库“有库无物”现象相对突出，地方发放的救灾物资中也曾暴露出部分产品质量问题。《关于加强自然灾害救助物资储备体系建设的指导意见》首次从政策层面对救灾物资储备体系建设中各有关部门具体职责进行了明确，指导地方进一步健全完善跨部门协作和应急联动机制，包括建立救灾物资储备资金长效保障机制，健全救灾物资应急采购、紧急调运和社会动员机制，完善跨区域救灾物资援助机制，构建有关部门共同参与的救灾物资市场供应和质量安全保障机制等。

6.5　突发旱涝灾害减灾能力建设

伴随着社会的发展和科技的进步，气象条件对社会各个方面的影响日益突出。如何实现气象防灾减灾能力，加强气象服务建设变得极为重要。全球性的气候变化已经影响到社会的方方面面，加强气象服务是保证社会有序发展的有效途径。当前，随着我国气象服务的不断发展，所取得的成就有目共睹。但是，如何加强气象服务的作用，提高气象服务的效果，实现防灾减灾的能力却任重道远！

6.5.1　我国突发旱涝灾害减灾能力现状分析

全球气候变化所致的旱涝灾害频发已经引起了人们的极大关注，气象条件的变化对于工农业生产的影响也越来越大。虽然经过多年的发展，我国气象部门在进行旱涝灾害预报方面已经取得了极大成就，但是，长期以来经济等各方面因素的限制，使得我国一些偏远地区气象防灾减灾能力依然很弱。在有些条件较差的地区，由于受到经济条件以及基础设施建设等方面的限制，在实现气象服务对防灾减灾工作的指导上存在不足。这主要体现在以下几个方面：

(1)气象服务传播能力不足。经过气象部门监测获得的气象信息并不能得到有效传播。加强气象服务信息有效传播的能力，使更多的人可以获得气象信息带来的便利变得尤为重要。通过对近些年来在全国范围内进行满意度调查得到的数据资料显示：经过长期的发展，我国气象部门在进行气象预报方面的准确程度稳步提高，气象监测获得的信息更加精细且更具有针对性。但是，群众对于气象服务的满意度并没有提高。准确度的提高却并没有带来满意度的提高，造成这种偏差的主要原因是因为广大人民群众并未享受到气象科技的提升带来的好处。

(2)影响力不足。要实现气象防灾减灾能力的体现，首先就需要加强气象信息在基层中的影响力，只有扩大影响力才能在较大范围内实现气象防灾减灾的目的。但是，基层群众却并未了解到气象服务对于防灾减灾的重要性，究其原因主要是由于基层宣传力度不够，群众无法了解到气象条件对于其生产生活的影响，同时对气象灾害造成的损失认识不足，因此使得气象工作在基层发挥的作用不强。同时基层气象部门发布的气象预报专业性太强，无法贴近群众日常生活也是造成气象防灾减灾能力在基层影响力不足的重要原因。

6.5.2　气象防灾减灾能力的建设措施

经过近些年的大力发展，我国的大部分地区已经实现了对气象、气候、水文等气象条件的实时预警。基础设施基本实现了全面覆盖，使县、乡一级也能完成对气象的预报预警工作。这些方面的改善有效地提高了气象服务的能力。但是，对于县、乡一级的气象部门，并没有实行行之有效的统一管理，部门之间的有效整合并未实现。旱涝灾害预警工作并未形成网络。无法实现不同地区的资源共享、信息传送，对气象监测资源造成了浪费。

(1)开辟新的信息传播途径。现阶段，国内的气象部门加大力度进行了农业防灾减灾体系的构建，并注重人才优势，进行科技攻关。近年来，各地相继建立起了气象预报平台，同时总结以往灾害发生的经验教训，探索新举措，运用新方法，争取将灾害造成的损失降到最低。例如，某些地区充分运用手机、网络等新的信息传播渠道进行灾害预警工作的传递。对于一些信息不发达地区建立起有效的信息传递机制，使灾害预警工作的范围不断扩大。

(2)加强决策服务。加强信息化平台的构建，对于一些信息不发达地区，相关部门应出台政策进行扶持，加强基础建设，加大投入，建立完备的农业气象服务信息传递体系，以让灾害预警工作切实惠及每一农户。例如，气象部门可以针对旱涝灾害多发区域建立专门的微信公众号、QQ群，既可以定期进行一些气象知识的宣传工作，又可以在灾害到来之前发布信息，让更多的群众提前做好防灾工作。同时，对于一些信息发达地区，可以与电视台合作，进行气象信息播报。总之，要不断开辟新的途径，及时准确地向农民传递重大旱涝灾害信息。

(3)进行气候资源开发。气象部门要与农业部、信息部等相关部门展开广泛的合作，开发新模式，研究新技术。充分利用多部门联合的人才优势，结合当地实际情况，对气候资源进行评估。同时，对一些旱涝灾害多发地区，要建立应急机制，在灾害易发时节要加强气象监察工作，防患于未然。除此之外，要对本地区的灾害风险进行评估，提醒群众提前做好防范，将灾害发生后的损失降到最低。

6.6 公众安全减灾素质培养

突发旱涝灾害减灾的效果归根到底要取决于全民的安全文化素质。在同等强度和规模的自然灾害下，发达国家的伤亡人数很少，而在许多发展中国家则造成了严重的伤亡。如2004年12月26日的印度洋地震海啸夺去近30万人的生命，但在日本和美国发生的类似海啸伤亡人数极少，主要原因在于发达国家的居民科学文化素质较高和组织能力较强。2020年入汛以来，中国南方地区发生多轮强降雨过程，全国16个省(区、市)198条河流发生超警位以上洪水，多于常年同期，受灾3020万人次，伤亡人数141人(死亡或失踪)，受灾农作物面积2667千公顷，直接经济损失达617.9亿元。

6.6.1 公众素质是调动全社会力量减灾的基础

许多发达国家的城市居民在发生自然灾害时仍能保持良好的社会秩序，积极开展自救和互救。尽管拥堵严重，公路上逃难的汽车没有抢行的，领取救灾食物和饮水没有不排队的，而在一些发展中国家则许多市民惊慌失措，拥挤践踏，甚至有人趁灾打劫，人为加大了灾害损失。1984年12月3日印度博帕尔农药厂430 t剧毒异氰酸甲酯泄露事故和2003年底我国开县天然气井喷事故，之所以造成严重伤亡，原因之一就与灾民不知道向上风向地区转移，而盲目选择逃生方向有关。2012年7月26日，北京市防汛抗旱指挥部公布“7·21”特大自然灾害遇难人员情况，一场大雨，把人们防灾素质之不足，冲刷到眼前，暴雨之中，北京的大型球赛、演唱会没有停，市民依旧开车或赴约、或玩乐，不把预警信息当回事，记者深入房山灾区一线的采访中了解到，“损失本可以少一点”，其中，北京市房山区人员伤亡严重、驾车溺水身亡者有之。2019年8月4日18时许，湖北省恩施州游客躲避峡谷突发山洪，13人遇难61人被救，死者均为自驾游者，未在有关部门登记，据一名被救者称，现场至少一半的人没穿救生衣，可以看出，公共防灾素质的薄弱很大程度上造成不必要的人员伤亡和财产损失。

6.6.2 城市突发旱涝灾害减灾的公众安全素质培育

许多国家都十分重视公众气象防灾意识宣传与救灾知识的普及。日本把每年的 9 月 1 日即东京大地震纪念日作为国民防灾日，在这一天各地城市都要举行有首相和有关高官参加的防灾演习，以此提高国民的防灾意识和检验各级政府在灾害发生时的应急处置能力及通信联络和救灾、消防、救护等部门的运转和协调能力。美国和瑞士都已形成了一整套民防教育训练体系和制度。在 1994 年底印度洋地震海啸灾难中，正在海边与父母一起度假的一个英国小女孩看到海水的反常倒退，想起课堂上老师讲过这是海啸发生前的一个征兆，于是大声呼喊叫人们离开海边，使数百人避免被海浪吞没。在 2007 年 7 月 18 日济南的特大暴雨和山洪中，在洪水开始灌入市中心地下商场的时候，有人大声疾呼叫下面的人赶快跑上来，避免了一场惨剧的发生。自 2020 年 6 月下旬以来，湖北省进入主汛期。特别是 6 月 30 日至 7 月 2 日，局地 24 小时最大降雨量达 428 mm，面对连日来的强降雨，湖北省教育系统干部教师在各市委、市政府的号召下，积极投身抗洪抢险，科学应对，立即启动防汛应急预案，向全省各学校下发了防汛抗洪的紧急通知，按照预案要求实行领导带班，进乡镇进学校驻点，做到责任到岗，任务到人，在做好教育系统防灾救灾的同时，积极投入到抗洪救灾及灾后重建的战斗中，参与紧急抢险、灾民安置工作。

6.6.3 减灾社团的宣传

自联合国国际减灾十年活动开展以来，涌现出大量的非政府减灾社团组织，在减灾科普宣传方面发挥了不可替代的作用。目前，国内重要的减灾社团有中国灾害防御协会、中国救灾协会、各地的防灾协会或减灾协会等，原有的红十字协会、慈善机构、消防协会、民防组织、各专业学会和宗教团体在新的形势下也加强了综合减灾的宣传普及工作。民政部门和各地科协对于科技社团开展减灾科普活动给予了大力支持与指导。

以北京减灾协会为例，自 1994 年成立至 2006 年通过举办讲座、报告会、科普展览、街头宣传与咨询、制作科普展板、挂图、发放宣传材料等方式广泛宣传减灾知识，先后为电视、广播、刊物、报纸等提供 500 余篇稿件，编写出版系列减灾管理和科普图书 16 种 14.7 万册。2003 年，协会组织了防灾减灾安全素质教育进社区。为提高居民群众的防灾减灾意识，2019 年 10 日下午，乌鲁木齐晚报社驻七纺片区管委会沿河路社区工作队和社区，邀请专业人士向居民宣传防灾减灾知识。现场通过开展讲座、设立咨询点、发放宣传材料、展示防灾减灾知识宣传展板等形式，向社区工作人员和居民普及突发事件的种类、特点、危害及相关的救护应急知识，通过宣传活动，进一步提升了居民防灾减灾知识水平和应急避险能力，增强了公众防灾减灾意识。

6.6.4 政府减灾预案的宣传

2003 年“非典”危机过后，中国政府及时启动了应对突发公共事件的“一案三制”建设，即编制突发公共事件应急预案，建立健全应对突发公共事件的应急机制、体制和法制。应急预案的编制在近年来应对台风、洪涝、干旱、热浪等重大旱涝灾害中发挥了巨大作用，大幅度地减少了人员伤亡和财产损失。

(1)编制预案的目的之一是实现减灾资源的优化配置与高效利用和调动全社会的力量，确保减灾行动的高效和有序。要达到这个目的，仅仅编制出预案并由政府部门和有关机构掌握是远远不够的，还需要使全社会都知道预案的内容和所规定的不同部门、机构和人员的行为准则。为此，国务院和各地都在政府网站公布了各类减灾预案的内容，还编写了一系列宣讲预案的科普文章。各种新闻媒体也结合灾情和减灾行动的报道宣传了各种减灾预案的内容和效果。

(2)世界气象日开放活动和国际减灾日宣传活动。1960 年，世界气象组织执行理事会第 20 届会议决定把世界气象公约生效的日期，即世界气象组织更名日 3 月 23 日定为世界性纪念日。每年的“世界气象日”都确定一个主题，要求各成员国在这一天举行庆祝活动并广泛宣传气象科技知识及气象工作的重要作用。世界气象日历年的主题大多与旱涝灾害有一定联系，各地气象部门每年都结合城市突发旱涝灾害减灾开展多种形式的纪念活动，并组织学生参观气象台和有关展览。如 2008 年的世界气象日期间，中国气象局不仅组织对外开放，为社会公众揭开天气预报、气象卫星、高性能计算机等的神秘面纱，而且还举办了观测我们的星球共创美好未来的活动。2019 年 5 月 12 日是我国第 11 个全国防灾减灾日，主题是“提高灾害防治能力，构筑生命安全防线”，5 月 6—12 日为防灾减灾宣传周。这期间，应急管理部组织举办全国首届社会应急力量技能竞赛、第十届国家综合防灾减灾与可持续发展论坛、全国防震减灾科普讲解大赛和网络直播的防震减灾公开课、第五届“中国减灾杯”减灾救灾摄影大赛、防灾减灾综合演练等一系列活动，通过普及防灾减灾知识，广泛动员全社会重视参与防灾减灾事业，推动自然灾害防治能力建设。

(3)气象科普读物。气象科普读物视野开阔，文字朴实，图文并茂。中国气象局和各省、市、区气象局都组织编写出版了许多城市突发旱涝灾害减灾的科普读物和画册。2007 年将十多种旱涝灾害预警标志及防灾措施编印成彩色画册，广泛印发，发挥了巨大的社会效益。2017 年浙江省气象局编印了科普宣传读物《气象歌》，《气象歌》结合地方特色，通过富有趣味的歌谣及形象生动的漫画形式，对气象灾害种类、气象预警信号、灾害处置等气象防灾减灾知识进行深入浅出地说明，浙江省气象局在科普宣传活动中免费向广大市民赠送这本读物，旨在让广大市民增强气象防灾减灾意识和自救能力。

(4)专家访谈与咨询。通过广播电台和电视台的专家访谈，以及借助电话的气象专家热线等开展城市突发旱涝灾害减灾的科普与咨询。

第7章　陕西省旱涝灾害风险评估及区划

7.1　前言

陕西省位于西北内陆腹地，居黄河流域中部，105°19′～111°15′E 与 31°42′～39°35′N，全省辖1个副省级城市、9个地级市和1个国家级农业高新技术产业示范区，全区国土面积为 $20.58\times10^4 km^2$。陕西省地处我国东南湿润气候区与西北干旱气候区的过渡带，年平均降水量 300～1200 mm，总体降水量分布由南向北呈梯度递减，降水年际、季节变率大，干旱、洪涝灾害频发，整体属于生态环境脆弱带。根据地理位置和地形地貌特征将陕西省划分为陕北黄土高原、关中平原、陕南山地三大类型。陕北黄土高原地表质地疏松，黄土垂直节理发育，夏季多暴雨，易形成和加剧旱灾、水灾，但总体以旱灾为主；关中平原发育黄土沉积和河流冲积土壤，以褐土为主，土质松软，地势低平，不利于雨水排灌，同样易形成干旱、洪涝灾害；陕南秦巴山区多分布中高山石质山地，土石为主，降水量大且季节分配不均也易形成干旱、洪涝灾害。研究区地跨黄河与长江两大水系，其中黄河水系流经区域约占全省总面积的 64.5%，但其多年平均径流量仅占全省的 25.8%，水资源严重不足。长江水系流经区域约占全省面积的 35.5%，年径流量占 74.2%，水资源较为丰富。总体来看，陕西省水资源分布状况与人口经济密度分布不相协调。复杂的地形地貌因素及地表水资源分配严重不均是形成本区干旱、洪涝灾害的重要影响因子。

据统计，截至 2017 年底，全省常住人口为 3835.44 万人。随着关中—天水经济区（简称关天经济区）的建设和国家"一带一路"战略的逐步实施，陕西省人口和城市规模容量呈现出快速增长和扩大的趋势，因此工农业总需水量持续增加。近些年，该省人口、经济、水资源不协调的矛盾程度更加凸显，使得水资源显得更为稀缺，同时受人类活动负面影响，如毁林开荒、陡坡开垦、破坏草地、江河拦挡、工程建设等都加剧了该区干旱、洪涝气象灾害的发生频率和损失程度。

7.2　旱涝灾害的影响

IPCC 第四次评估报告认为，过去 150 年以来，全球平均气温上升了 0.74 ℃，气候变暖已成为地球变化的基本特征。极端天气事件如高温热浪、干旱和强降水等呈现出逐渐增强的变化趋势；IPCC 第五次评估报告再次确认和强调了这一事实，1983—2012 近 30 年间，全球平均气温增幅较过去明显加快。全球气候变暖背景下，温度异常偏高导致大气环流出现异常，地区极端天气事件爆发频率增加，破坏程度越来越强，日益威胁人类赖以生存所依靠的农业、生态环境、水资源等基础条件，使得灾损不断加剧。

旱涝灾害是对世界危害最为严重的主要气象灾害，其发生是多种因素耦合作用的结果，不仅与自然环境因素的变化相关，同样也受到人类社会活动的干扰和影响。旱灾发生具有持续时间长、累积性、延续性、灾损强等特征，而洪涝灾害发生具有突发性、损失大、重复性强的特征。随着全球经济的发展，干旱灾害对下垫面上人类社会经济活动的影响程度愈来愈重。20世纪以来，旱涝灾害频繁发生，已成为世界各国高度关注的重要环境问题。干旱灾害方面，比如1934—1936年、1939—1940年，美国大部分州遭受了严重的"黑色风暴"，严重的旱灾导致大田作物大面积绝收，诸多人、牲畜和动物死亡。1981—1984年，非洲20个国家发生持续性干旱，河流和湖泊干涸，2万多人因极度缺水死于干旱，并蒙受巨大的经济损失。受2009年厄尔尼诺影响，越南发生了百年一遇的罕见干旱灾害事件，工农业损失严重。洪涝灾害方面，1916年，荷兰须德海水坝因连续降雨溃坝，造成洪水泛滥并酿成巨大灾害。2017年5月，全球暴雨洪涝灾害频发，斯里兰卡、加拿大等国遭受连日暴雨从而引发了洪涝灾害，热带气旋"莫拉"袭扰孟加拉国并造成较重的影响。

我国因特殊的地理位置及明显的海陆热力性质差异，致使我国中东部地区降水时空分布极不均衡，水资源南北东西分布差异较为显著。人口、工农业生产分布与水资源空间分布不协调的矛盾，以及人类社会经济活动对下垫面的干扰破坏程度日趋严重，使得我国成为世界上受水旱灾害影响最为严重的国家之一。旱涝灾害发生频繁，影响范围广泛，在较大程度上限制了国民经济的健康发展。据统计，20世纪50年代至今，我国在旱涝灾害受灾和成灾面积方面，均呈现递增的趋势，尤其是20世纪90年代至今，旱涝灾害等极端气象事件发生频率更高，灾损程度更大。1998年，长江、嫩江、松花江等流域暴发了百年一遇的洪水灾害，据初步统计，江西、湖北、湖南等省受灾最重，全国受灾面积为3.18亿亩，成灾面积为1.96亿亩，直接经济损失高达1660亿元。2000年，我国发生了极为严重的干旱灾害，经济损失超过20世纪60年代三年自然灾害时期所蒙受的损失。

受季风气候的波动影响，陕西省整体上属于生态环境敏感带。干旱灾害是陕西省最主要的气象灾害，同时也是危害损失程度最严重的灾害。据统计，每年因干旱带来的直接经济损失高达20多亿元。陕北地区干旱频发，频率高达73.3%，关中地区旱涝灾害交替发生，总体上旱灾多于涝灾，陕南地区旱灾时有发生，尤其是商洛地区旱灾程度较重。经查询史料，全省平均每3～5年发生一次较严重的旱灾，10年左右遭遇一次大旱。近20年来，全省干旱发生频率加快，且持续时间长，多为季节性连旱。洪涝灾害是陕西省仅次于旱灾的主要气象灾害，总体灾损程度较重。1983年7月，汉江流域安康市区发生了百年一遇的特大洪水，市区内3.2 km^2 土地被淹，死亡870人，直接经济损失高达11亿元左右。作为西北地区重要的农业、工业大省和人口聚集区，旱涝灾害发生频次高低和灾损程度大小直接影响陕西省正常的社会经济发展和人民的生产生活水平。

7.3　研究现状及相关理论

7.3.1　研究现状

21世纪以来，全球自然灾害，尤其是气象灾害频发。目前，旱涝灾害在很大程度上影响了地区的水资源安全,成为影响国民经济健康、持续发展的瓶颈,因此开展区域气象灾害的评估与区划在地区防灾减灾中具有重要作用。根据联合国国际减灾战略和风险防范计划,加强对干旱、洪涝等自然灾害孕育、发生、发展、演变、时空分布等规律和致灾机理方面的研究,为科学预测及预防自然灾害提供相关的理论依据,对开展干旱、洪涝灾害风险综合评估,建立、健全和完善灾情监测、预警、评估和应急救助指挥体系具有重要的现实意义。由于特殊的自然地理环境条件、全球变暖和极端天气事件的出现,气象灾害中干旱、洪涝灾害频繁发生,给国民经济带来很大损失,因此,科学评估陕西省干旱、洪涝灾害风险,采取必要的防灾减灾措施,寻求降低风险的有效途径,对减少农林牧副渔生产和人们日常生产生活带来的影响,以降低灾害损失,对于提高地方社会效益和经济效益具有十分重要的现实意义。

为了减轻干旱、洪涝灾害的影响,避免各种工程实施过程中的盲目性,特别是近年来,随着社会经济发展和干旱、洪涝灾害的频繁发生,其风险评估已越来越受到人们的重视,同时也已经成为迫切需要研究的课题。本节以自然灾害风险评估理论为指导,选取并构建适用于陕西省的旱涝灾害风险评估指标体系及模型,对干旱、洪涝灾害进行风险评估及区划,探索陕西省干旱、洪涝灾害风险评估方法,为地区农业发展、重大工程建设等提供必要的防灾减灾决策信息。对于陕西省各级政府和实际生产部门制定防灾减灾政策,科学指导规避和减轻旱涝灾害风险,提高防灾减灾的实际效果具有较为深远的现实意义。

在灾害风险分析评价方面,国外自20世纪70年代起,对自然灾害含义的界定、类型划分、研究内容、分析方法、编制旱涝灾害风险区划图、防灾减灾应对措施等方面进行了较为深入的分析和探讨,并对不同尺度区域做了大量的研究工作,为开展旱涝灾害的进一步研究奠定了重要基础。

Ashok 等(2010)对干旱的概念进行了评述,认为干旱是一种自然灾害,其特点是气候和水文参数综合性的表征,对干旱类型、干旱指数、干旱气候研究和应用历史、干旱和大尺度区域气候之间的关系进行了分析;Santos(1993)将恢复力、易损性等概念引入干旱,增加了对干旱作用对象即承灾体的分析;Blaikei 等(1994)表示,灾害是致灾因子危险性和承灾体脆弱性相互作用的结果;Williaim 等(1993)通过对承灾体的脆弱性进行分析,认为应该不断提高承灾体的抗灾能力,降低承灾体的暴露性和脆弱性才是减轻灾害危险的关键。美国、欧盟等发达国家和组织在20世纪中叶就开展了旱涝灾害风险方面的研究。Eleni 等(2011)指出,干旱被认为是欧盟的一个主要问题,对生态环境以及地方和区域经济发展构成了危险,协调与水有关的管理工作成为整个欧盟应对干旱风险的政策。随之,欧盟关于水管理的政策不断演变,特别是在缺水和干旱方面;Islam 等(2016)探讨了亚洲洪涝灾害风险管理机制,即灾害发生前后计划的制订、参与者、急救响应与恢复、防洪减灾救灾和应急管理、洪水预报和预警系统、政策规划等,对于国家灾害管理体系的建立及处理灾害风险,减少社会经济损失具有一定的作用;Tagel 等(2011)利用降水资料和遥感影像,对埃塞俄比亚北部高原干旱的时空变化特征进行了评价;Petak 等(1982)通过对美国各类自然灾害的长时间序列的统计分析,得出以概率形式表现的灾害风险;Billa 等(2006)分析了综合规划和洪水灾害管理系统在马来西亚的作用,为马来西亚提供全面的洪水管理计划、各种规划阶段和计划的支持。

相较国外,在自然灾害风险分析评价方面,国内起步较晚,其研究内容由浅入深、由表及里,逐渐深化。通过经验观察、灾区调查、野外采样和工程指导等渠道,学者们在自然灾害风险研究方面取得了一些学术成果。最初对旱涝灾害的研究内容主要侧重于灾害本身的自然属性，基本属于定性分析阶段。随着研究工作的深入以及相关数学方法的引入，如信息扩散理论、模糊数学综合评价法、统计学方法和地理信息技术，丰富并深化了灾害学的相关研究内容和深度，灾害分析评价理论得到扩展，进入定量化研究阶段。由最初的灾害自然属性研究扩展到灾害形成发生机理、灾害损失、灾害影响、灾害应急管理、灾害链、防灾减灾措施等方面，灾害的社会经济属性受到关注，脆弱性、易损性、敏感性、恢复力（弹性）等方面日益得到重视，更加凸显下垫面中承灾体脆弱性在灾害形成过程中的作用。

干旱灾害方面，近年来王莺（2014）、王理萍（2017）、石界（2014）、魏建波（2015）、姚玉璧（2014）等通过建立旱灾风险指标模型并基于 ArcGIS 对甘肃省河东地区、云南省、定西市、武陵山片区、石羊河流域等地区的干旱灾害风险进行了评估及区划。目前对陕西省干旱灾害的研究主要表现在干旱灾害的成因、干旱类型区划分、干旱灾害时空分布特征、干旱灾害易损性、干旱灾害的农业风险评估、干旱灾害风险评估等方面。石忆邵（1994）依据年均大中旱出现频次、主要作物生长期干旱日数、季节干旱灾情出现频率等综合指标揭示了陕西省气象干旱的类型，剖析了干旱的成因及影响因子，并分析了旱灾的时空分布特征；李斌（2017）、乔丽（2012）等利用陕西省主要气象台站较长时间尺度的年降水量资料，通过计算降水量距平百分率，基于标准化降水指数对陕西省干旱时空变化特征进行了分析；刘璐（2009）在对前人易损性研究成果对比分析评价的基础上，提出了适用于干旱气象灾害的评价系统，并结合气象干旱灾害自身的特点，运用模糊综合评价法对陕西省干旱气象灾害易损性进行了区划和评价，结合陕西省实际情况，提出了因地制宜的抗旱减灾措施；张宏平等（1998）以缺水率作为划分干旱的依据，根据陕西省各季节的农业旱情状况，以粮食减产百分率为基准，定量化评估了全省的干旱灾害等级；刘小艳（2010）依据自然灾害风险评估理论和灾害风险指数方法，选取了陕西省 96 个气象站点中关于气温、降水的逐日实测数据，结合土壤田间持水量数据、社会经济数据和地理信息数据，通过构建区域旱灾风险评估模型，将旱灾的自然、社会属性相结合，借助 ArcGIS 空间技术得出陕西省干旱灾害风险评估及区划结果。

洪涝灾害方面，随着地理信息系统技术的日趋发展，ArcGIS 技术与水文水利学模拟的结合程度越来越高。国内也有不少学者将 ArcGIS 技术运用于洪涝灾害风险评估与区划研究。目前的研究方法包括：根据洪涝灾害风险形成的因子选取分指标，并建立评估模型对自然灾害风险进行区划评价；随着地理信息系统软件的引入和开发，ArcGIS 技术被越来越多地应用于灾害风险区划研究方面；依据历史灾情数据统计内容进行洪涝灾害风险评估，这种方法侧重于灾情方面的评价；基于 ArcGIS 技术的大、中、小尺度流域结构特征信息提取模型，运用 ArcGIS 空间技术对河网密度特征的提取及其与洪水危险性关系分析、DEM 影响下的洪水危险性分析等。周成虎、宫清华等（2009）基于 ArcGIS 技术选取洪灾形成机制指标模型分别对辽河流域、吉林省、黑龙江省、广东省、江西省、南宁市等地区的洪涝灾害风险进行了评估及区划，取得了较好的区划研究成果，对防灾减灾起到一定的科学指导作用。当前，陕西省洪涝灾害的研究成果相对较少，主要表征为降水特征、洪涝灾害灾情特征、洪涝灾害影响、洪水灾害应急救助以及特大暴雨洪水灾情分析等方面。蔡新玲等（2011）利用陕西省 1984—2007 年历史气象灾害灾情资料，分析了陕西省主要气象灾害的时空演变特征；沈桂环等（2011）和秦文华等（2010）分别以 2010 年 7 月汉江上游发生的暴雨洪水灾害及咸阳市“7·23”特大暴雨洪涝灾害为切入点，分析了两次暴雨洪水灾害的强度、范围、形成的原因以及其发生的特点，针对汉江及咸阳市所处的自然环境条件，提出了应对特大暴雨洪水的具体建议，主要包括洪涝灾害监测、预报、预警，应急预案编制、救援物资储备、加强政府及居民防灾减灾意识等，对地区开展有效的防洪减灾具有一定的指导意义；张丽艳等(2017)根据陕西省 18 个气象站 1961—2013 年的降水数据，计算了每个站 Z 指数及区域旱涝指数，通过运用线性倾向率、M-K 非参数检验、反距离权重插值法等方法，对陕西省近 53 年降水量的时空演变特征及旱涝频率的分布规律作了初步研究；桑京京等(2011)通过查阅相关气象灾害史料，对陕西省近 60 年来所发生的洪涝灾害等级序列、社会经济发展影响及形成原因进行了较为深入的解析；彭维英等(2011)以 1961—2009 年安康市逐月降水资料为基础，采用 Z 指数旱涝指标将安康市划分为 7 个旱涝等级区，并对研究区的旱涝灾害成因及演变规律作了初步分析；万红莲等(2017)以明清时期为研究尺度，分析了宝鸡地区旱涝灾害链的发生特征和对区域气候变化的响应机制。

目前研究中存在的若干问题：

(1)长期以来，自然灾害风险研究工作主要侧重于灾害发生后的应对及承灾体恢复，很少重视灾害发生前的预测、预报及预警工作，特别是对灾害风险的预测和预防内容存在严重不足。由于缺乏必要的数据积累和应灾对策，在干旱、洪涝、冰雹、霜冻等气象灾害来临时，处于被动的抗灾状态，缺乏主动性，未从根本上降低灾害发生的概率及其可能引起的损失及影响。

(2)因国内对灾害研究时间较短，相关灾害理论和研究方法尚需进一步加强和深化，不同自然区域环境条件存在较大差异性，灾害风险评估模型区域适宜性较弱，缺乏成熟而普遍适用的理论模型，且目前国内学者在建模过程中，对国外成熟的模型仅限参数的小修小补，缺乏创新性。

(3)灾害形成过程是多种因素综合作用的结果，既包括自然因素，也囊括社会属性。之前的气象灾害风险评估工作主要侧重于灾害本身的自然环境属性，对其社会经济属性缺乏足够的重视，20 世纪 80 年代前，灾害风险分析基本处于宏观定性描述分析阶段，定量研究工作不足，极易导致灾害研究工作出现偏差。

(4)在灾害风险评估工作中，指标选取、评估体系构建、模型建立、方法选取等方面对灾害风险评估结果准确与否至关重要。目前，学者们在不同区域旱涝灾害风险评估及区划研究中所采用的方法迥异，造成各地区划结果可比性较差。此外，其实用性和可操作性大多数未经过实践检验，相关研究工作还有待进一步加强。

7.3.2 相关理论

(1)灾害风险形成机制。自然灾害是指由于自然变异以及人类活动诱发因素给人类正常生存带来危害或损害人类生活环境的自然现象。干旱、洪涝灾害概念有别于气象干旱和气象洪涝，旱涝灾害是指自然现象与人类社会活动耦合作用的结果，是自然、社会经济两大系统在特定时空条件下综合作用的产物。旱涝灾害风险是指气象干旱、洪涝现象在某一地区特定时空背景下，给自然生态环境、社会经济系统带来的不利影响和危害的可能性。其中，洪涝灾害由洪水灾害和雨涝灾害组成。

根据自然灾害形成过程及灾害学相关理论可知，旱涝灾害形成是诸多要素彼此作用的结果(毛德华，2011；章国材，2014；李莹 等，2014)。史培军(2002)认为，一定区域内自然灾害风险是致灾因子、孕灾环境、承灾体之间耦合作用形成的；张继权等(2005)提出，自然灾害风险的形成一般涵盖 4 个因素，即致灾因子危险性、承灾体脆弱性、孕灾环境敏感性和防灾减灾能力。以往的自然灾害风险评估一般从这 3 个或 4 个角度予以考虑，然后进行风险区划研究。IPCC

第五次会议更新了对气候变化风险和风险管理的认知。评估报告指出，气候变化的影响是气候变化风险对人类和生态系统产生的最终后果。气候变化的风险是经气候变化危害、暴露度和脆弱性三方面相互作用后产生的。危害是指气候变化相关的事件或趋势造成人员伤害和其他健康影响以及对财产、基础设施、生计、服务设施和环境资源造成的损害损失。暴露度是指人类、物种、生计、生态系统、环境服务和各种资源、基础设施或经济、社会或文化资产出现在受严重影响地区的程度。脆弱性指的是受到不利影响的倾向和趋势，包含如敏感度、易感性和缺乏应对及适应能力等多个元素(图7.1)。

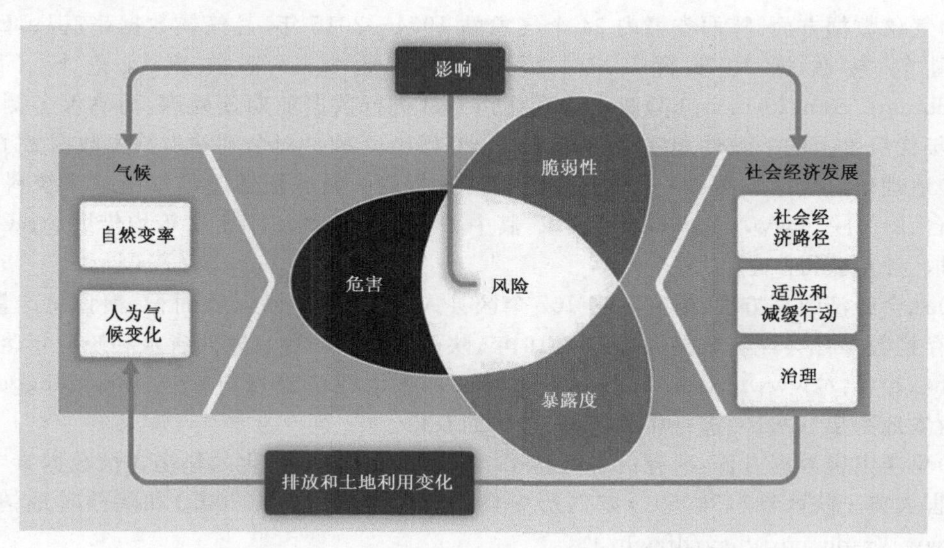

图7.1 气候相关的危害、脆弱性和暴露度综合作用形成的风险框架图

(2)灾害风险管理与灾害应急管理。灾害管理包括3个方面的内容，即灾前风险管理、灾害应急管理和灾后风险管理。灾害风险管理即通过运用各种资源、力量来实施某种战略、政策等，从而降低不利事件发生的可能性。灾害风险管理是应急管理的重要基础，是一项具有前瞻性、基础性的工作。灾害应急管理极其重要，是连接灾前风险管理和灾后风险管理的中间环节(图7.2)，良好的灾害应急管理能够在很大程度上降低灾损，为日后灾害的恢复与重建奠定基础。

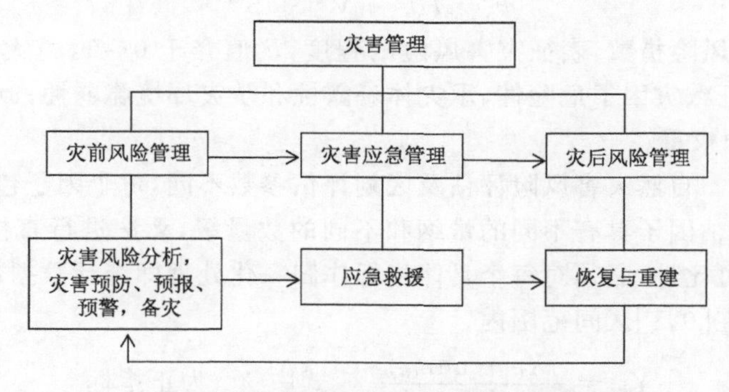

图7.2 灾害风险管理与灾害应急管理关系图

7.4 灾害风险评估数据来源与研究方法

7.4.1 数据来源

本节在研究过程中综合考虑了陕西省的自然环境和社会经济特征，所选用的主要基础数据包括：

(1)气象数据方面：陕西省境内34个气象站1954—2015年、月气候数据(气温、降水)，通过中国气象数据共享网(http://cdc.cma.gov.cn)、气象家园论坛(http://bbs.06climate.com/forum.php)获取，并借助excel进行数据前期预处理，为确保各测站气象数据在年代尺度上的一致性和完整性，应用ArcGIS10.2软件对个别站点缺失数据做了插补。

(2)地理信息数据方面：1∶100万陕西省区县行政矢量底图通过国家地球系统科学数据共享平台(http://www.geodata.cn)获取，其中DEM、坡度及河网密度等均借助ArcGIS10.2软件提取、计算获得。

(3)社会经济数据方面：研究区内107个区县人口密度、旱涝保收面积、粮食总产量、地均大牲畜存栏数等社会经济数据通过对2016年《陕西省统计年鉴》《陕西省水利统计年鉴》、陕西省地情网(http://www.sxsdq.cn/whsy/dfzwh/)、人大经济论坛(http://bbs.pinggu.org/)和《陕西省地图集》(2010)进行相关统计、分析而获得。

(4)旱涝灾害数据方面：研究区各区县1970—2000年实际发生的旱涝灾情数据参考《中国气象灾害大典·陕西卷》(2006)、《陕西历史自然灾害简要纪实》(2002)和陕西省地情网(http://www.sxsdq.cn/whsy/dfzwh/)。

7.4.2 研究方法

(1)灾害风险指数法。灾害风险评估是基于定量的角度对灾害发生的形式和强度予以评估。过去认为自然灾害风险形成是致灾因子、孕灾环境、承灾体和防灾减灾能力4个因素综合作用的结果。根据IPCC第五次评估报告对气候变化风险形成过程及制约因素的重新界定，认为某一地区气候变化的风险是经气候变化危害、暴露度和脆弱性三方面相互作用后产生的。因此，可以得出灾害风险指数的计算表达式：

$$F = H^{wh} + V^{wv} + S^{ws} \tag{7.1}$$

式中，F为自然灾害风险指数，表征灾害风险的程度，F值介于0～1，越大则灾害风险程度越高；H、V、S分别表征致灾因子危险性、承灾体暴露性和孕灾环境脆弱性；wh、wv、ws以此表示3个风险影响因子的权重。

(2)指标归一化。自然灾害风险评估及区划评估参数不同，每个因子包含了若干不同量化的指标，由于各个评估因子具有不同的量纲和不同的数量级，无法进行直接的比较，为了使得各个指标之间具有可比性，必须对每个具体指标作归一化处理即统计数据的指数化，从而使每个指标数值都分布在[0,1]区间范围内。

$$Y_{ij} = \frac{X_{ij} - \min_{(ij)}}{\max_{(ij)} - \min_{ij}} \quad 式中\ X_{ij}\ 为正指标 \tag{7.2}$$

$$Y_{ij} = \frac{\max_{(ij)} - X_{ij}}{\max_{(ij)} - \min_{ij}} \quad 式中\ X_{ij}\ 为负指标 \tag{7.3}$$

(3)层次分析法。层次分析法是自然灾害区划风险分析研究中较频繁使用的确定具体参评指标权重的方法之一，是一种基于定性与定量相结合的决策分析方法。一般来说，通过把与决策分析相关性较高的元素分解为3个层级，即目标层、准则层和方案层，然后进行相应的分析决策计算。这种决策分析方法的优点主要有分析过程的系统性、决策方法的简洁性等，但也存在一定的弊端，主要表现为主观性较强，易受到判断者自身在知识层面和情感方面的差异化影响。其主要计算步骤如下：

1)搭建递阶层次结构

2)建立两两比较的判断矩阵

对各指标之间进行两两对比之后，然后按9分位比率排定各评价指标的相对优劣顺序，依次构造出评价指标的判断矩阵A。

$$A=\begin{bmatrix} 1 & a_{12} & \cdots & a_{1n} \\ a_{21} & 1 & \cdots & a_{2n} \\ \cdots & \cdots & 1 & \cdots \\ a_{n1} & a_{n2} & \cdots & a_{nn} \end{bmatrix} \tag{7.4}$$

式中，A为判断矩阵，a_{ij}为要素i与要素j重要性的比较结果，关系为$a_{ij}=\dfrac{1}{a_{ji}}$，a_{ij}有9种取值，分别为1/9，1/7，1/5，1/3，1/1，3/1，5/1，7/1，9/1，分别表示i要素对于j要素的重要程度由轻到重。

3)层次单排序及总排序

4)判断矩阵的一致性检验

如果$CR<0.1$，则认为该判断矩阵通过一致性检验，否则不通过。其中，随机一致性指标RI与判断矩阵的阶数有关，一般情况下，矩阵阶数越大，则出现一致性随机偏离的可能性也越大，其对应关系如表7.1所示。

表7.1 平均随机一致性指标*RI*标准值

矩阵阶数	1	2	3	4	5	6	7	8	9	10
RI	0	0	0.58	0.90	1.12	1.24	1.32	1.41	1.45	1.49

(4)加权综合评价法。加权综合评价法是在诸多研究过程中使用频率较高的评估方法，主要侧重于对方案、决策等方面进行综合性的评价。依据综合评价的初衷及目的，选取、确定评价指标并构建相关的评价指标体系，然后对评估指标作同向化及无量纲化处理，依据具体指标对特定因子的差异化影响程度来确定相应的权重值，最后根据单项评价值计算综合评价值。其具体公式如下：

$$C_{vj}=\sum_{i=1}^{m}(Q_{vij}W_{ci}) \tag{7.5}$$

式中，C_{vj}为综合评价因子的总值；Q_{vij}为第j个因子的指标i($Q_{vij}\geqslant 0$)；W_{ci}为指标i的权重值($0\leqslant W_{ci}\leqslant 1$)；$m$为评价指标的数量。

(5)ArcGIS空间分析。自20世纪80年代，随着ArcGIS技术的发展和应用，其功能和作用日益受到重视，尤其表现在对地理空间数据采集、储存、处理和分析等方面具有强大的功能，便于对图形进行编辑和处理，能够对下垫面中不同尺度区域的DEM数据、坡度数据和河网密度进行提取、计算。本节基于ArcGIS技术,以县域为研究尺度,通过建立空间数据库,发挥其空间基本功能,然后对空间数据进行查询与量算,运用空间插值法对个别气象站的缺失数据予以插值,实现属性数据与图形数据相关联,将所得矢量图层进行栅格化处理,利用栅格图层地图代数叠加功能对各栅格图层进行空间叠加,根据自然断点法对研究区的干旱、洪涝灾害进行定量化评估分级、分类,以此获得陕西省旱涝灾害风险评估区划图。

自然断点法是一种根据数值统计分布规律进行分级和分类的统计方法,其对分类间隔加以识别,可对相似值进行最恰当地分组,并可使各个类之间的差异最大化。分类间隔可以体现数值差异相对较大的相邻要素。

7.5 陕西省旱涝灾害风险评估指标选取与体系构建

7.5.1 指标体系的选择

本章在选择指标时主要遵从指标可得性及有代表性的原则,结合多方面的因素进行考虑,在自然因素的影响(包括年降水量、河网密度等)作为基础的前提下,结合社会经济的因素,还有人为生产发展影响,参考相关的研究文献和书籍资料,结合陕西省的实际情况来选择评价指标。

7.5.1.1 干旱灾害指标选取

自然灾害风险评价指标的选取是否准确、合理对正确、客观评价当地自然灾害风险等级至关重要。因此在灾害风险分析评价中,应当参考灾害风险评估中所采用的一般或者通用指标,并结合研究区自身的特征进行指标筛选。目前,前人在对不同区域自然灾害的风险评价中一般从4个角度选取分指标并进行分析,即致灾因子危险性、承灾体暴露性、孕灾环境敏感性和防灾减灾能力。

刘航(2013)在对淮河流域旱灾风险区划研究中从致灾因子角度选取了干旱指数、气温、日照指标,暴露性方面选取了人口密度、耕地率、第一产业产值占地区生产总值比例指标,易损性方面选取了人均水资源量、水旱面积比、亩均水资源量指标,防灾减灾能力方面选取了人均GDP、有效灌溉率指标;王莺等(2014)在对甘肃省河东地区干旱灾害风险评估中从致灾因子角度选取了干旱强度、干旱频率指标,孕灾环境脆弱性方面选取了降水、地貌、植被、田间持水量等数据,承灾体暴露性方面选取了人口密度、地均大牲畜、农林牧渔业总产值、耕地比重等指标,防灾减灾能力方面选取了农业机械总动力密度、有效灌溉面积比重等指标;何娇楠(2016)在对云南省干旱灾害风险评价中从致灾因子角度选取了干旱频率、干旱强度指标,成灾环境敏感性方面选取了地形、河网密度、土地利用类型和人均水资源量指标,承灾体易损性方面选取了人口密度、经济密度、农业产值密度、耕地率和单位面积粮食产量等指标,防灾减灾能力方面选取了财政收入、水库库容量、水利基础设施投入和有效灌溉率指标。

本节选取了几篇比较有代表性的文献对旱灾风险评估指标的选择进行了如上说明。结合其他文献资料(张俊香 等,2004;杨帅英 等,2004;刘小艳,2010)综合来看,旱灾风险评估及区划研究中,致灾因子危险性角度一般选取降水、干旱频次等指标,承灾体暴露性角度选取人口密度、经济密度、农业产值密度、耕地率等指标,孕灾环境脆弱性方面选取地形、植被、河网密度等指标,防灾减灾能力方面选取GDP、地方财政收入、有效灌溉率、水利基础设施等。依据秦大河(2014)对灾害风险管理的最新认知,将防灾减灾能力纳入孕灾环境脆弱性中,因此,本节在对旱灾的风险评估中选取了3个指标。

(1)致灾因子危险性指标选取。本节在参考前人关于旱灾风险评估中所采用的一般或者通用指标的基础上,结合了研究区自身的特征及指标可取性对评价指标作了选取。旱灾致灾因子危险性选取年降水量、年平均气温、干旱次数3个指标。指标数据源自中国气象数据共享网(http://cdc.cma.gov.cn)、《中国气象灾害大典·陕西卷》和《陕西历史自然灾害简要纪实》等。通过借助ArcGIS10.2软件,将指标空间数据与属性数据相关联,得到各指标矢量图形,然后将其转换为栅格图形,易于之后对指标的栅格图层进行叠加及对致灾因子危险性的分析和评估。

1)年降水量指标。通过选取36个主要的气象站点,利用借助ArcGIS10.2软件中普通克里金空间插值技术,运用自然断点法,将插值后的陕西省1954—2015平均年降水量划分为5个等级,依次为[383 mm,493 mm)、[493 mm,641 mm)、[641 mm,785 mm)、[785 mm,969 mm)和[969 mm,1294 mm),并在此基础上绘制降水量等值线。陕西省年降水量整体表现为南多北少,陕南三市即汉中、安康、商洛年降水量普遍高于800 mm,属于典型的湿润气候区,其中又以汉中市东南部和安康市南部诸县降水量最多;关中盆地年降水量介于500～700 mm,属于半湿润气候区;陕北黄土高原地区即榆林市和延安市大部分地区年降水量最低,一般为350～500 mm,陕北南部属半湿润向半干旱过渡区,北部区域为典型半干旱区。

2)年平均气温指标。陕南年平均气温同年降水量空间分布特征基本一致,陕西省年平均气温空间分布表征为从南到北逐渐递减的趋势。陕南因处于秦岭以南,冬季风影响较弱,该区大部分区县年平均气温高于12.7 ℃,为亚热带气候区,其中又以汉水谷地和丹江谷底温度最高;关中盆地大部分区县年平均气温介于11～13.5 ℃,盆地咸阳以东区域年平均气温高于西部地区,盆地西侧和北侧与黄土高原接触地带温度较低。但整体来看,该区为典型的暖温带气候区;陕北黄土高原地区年平均气温介于7.8～11.5 ℃,大部分区县属暖温带范围,中温带分布仅限陕北长城沿线个别区县。延安市除子午岭地区温度受地形因素限制偏低外,其他区县温度较高,榆林市北部各区县温度低于辖区内南部区县。

3)干旱次数指标。通过查阅《中国气象灾害大典·陕西卷》《陕西历史自然灾害简要纪实》以及陕西省地情网等史料,经过统计得出陕西省各区县1951—2000年干旱次数,借助ArcGIS10.2软件中空间分析技术,将陕西省1951—2000年干旱次数依据自然断点法分为5个等级,依次为[16次,19次)、[19次,23次)、[23次,36次)、[36次,41次)、[41次,48次)。分析得出:陕北大部分地区干旱次数等级最高,尤其以榆林市全部区县和延安市北部区县最高,但洛川、黄龙、宜川三县干旱次数较低,源于地处黄龙山地区,植被覆盖率较高,气候较为湿润;关中盆地绝大部分区县干旱次数介于36～41次,干旱等级仅次于陕北,渭河下游部分区县因有稳定灌溉水源,旱灾程度较低;陕南三市整体干旱次数较少,旱情程度较低,其中又以汉水谷地及巴山地区旱灾次数最低。

(2)孕灾环境脆弱性指标选取。本节中旱灾孕灾环境脆弱性选取DEM、坡度、河网密度、地方财政收入、农民人均纯收入、农业总产值和旱涝保收面积7个指标。指标数据源自国家地球系统科学数据共享平台(http://www.geodata.cn)、2016年陕西省统计年鉴、人大经济论坛等。通过借助ArcGIS10.2软件,提取研究区DEM、坡度、河网密度数据,将社会经济类型指标的空间数据与属性数据相关联,得到矢量图形,然后将其转换为栅格图形,易于之后对指标的栅格图层进行叠加及对孕灾环境脆弱性的分析和评估。

1)DEM 指标。高程是指某点沿铅垂线方向到绝对基面的实际距离。陕西省地形结构类型多样,主要包括三大地形区,分别为陕南秦巴山区、关中盆地和陕北黄土高原,三大地形区之间不仅地貌差异较大,而且各自内部中小尺度地貌类型复杂,不同地形区植被覆盖度、土壤类型、潜在蒸发量等存在差别,因此高程对辖区内干旱、洪涝灾害成因及分布影响较大。在 ArcGIS10.2 软件中,结合陕西省实际情况,借助重分类技术将 DEM 数据划分为 5 个等级,分别为(<500 m)、[500 m,1000 m)、[1000 m,2000 m)、[2000 m,3000 m)、(≥3000 m)。

2)坡度指标。坡度是指地表单元陡缓的程度,坡度不同,相应的土壤类型、土壤侵蚀状况、植被覆盖度、产流径流状况、保持水土能力等指标数据存在差异。一般来说,某一地区坡度越陡,产流越大,土壤侵蚀越严重,地表越干旱;盆地、河谷、沟谷地区坡度较缓、土壤受水保水能力较强,干旱程度越低。本节借助 ArcGIS10.2 软件,在 DEM 图层基础上提取坡度,结合陕西省省情,依据自然断点法将坡度数据划分为 9 个等级,分别为[0°,1.5°)、[1.5°,3.4°)、[3.4°,5.7°)、[5.7°,7.9°)、[7.9°,10.2°)、[10.2°,12.5°)、[12.5°,16.4°)、[16.4°,24.5°)、[24.5°,48.1°)。

3)河网密度指标。河网密度是指流域内干流、支流总河长与流域面积的比值,河网密度大小及数量多少对地区旱季补水、雨季排水至关重要。本节通过应用 ArcGIS10.2 软件,对陕西省主要河流水系进行矢量化,得出水系分布图,然后提取河流因子得到河流密度图。基于自然断点法将河网密度数据划分为 5 个等级,依次为[0,1.6)、[1.6,3.2)、[3.2,4.5)、[4.5,6.2)、[6.2,10.0),单位为 km/km^2。陕西省河网密度以汉水流域、渭河流域分布最高,其次为丹江流域、泾河流域、北洛河流域、延河流域等地区,陕北地区整体河网密度分布较低,河流水系较少。

4)地方财政收入指标。地方财政收入高低对地区防旱抗涝、减轻灾损具有重要意义。地区财政收入高,在应对旱涝灾害方面有足够的财力支持,能够迅速采取相应的防灾减灾举措,从而有效降低灾损。相反,财政收入较低的地区,则不能有效应对旱涝灾害对地区经济发展的冲击。通过查阅 2016 年陕西省统计年鉴,得出各区县的财政收入数据,通过 ArcGIS10.2 软件,将空间数据和属性数据相关联,得到财政收入矢量图,然后将其转换为栅格图形。分析可知,陕西省地方财政收入地区分布不均,以陕北榆林市最高,其次为西安市、延安市、宝鸡市、咸阳市、渭南市、商洛市、汉中市及安康市。陕北地区矿产资源丰富,能源产业、制造业发展迅速,煤炭、石油、天然气等产业成为地方经济发展的支柱产业,带动了地方经济的长足发展,因此其地方财政收入最高;关中地区地理位置优越,农业基础较好,同时在关天经济区战略和国家一带一路战略的引导下,关中各市经济发展较为迅速;匮乏的矿产资源以及国家相关生态环境保护的政策法规,使得陕南秦巴山区各县经济发展在一定程度上受到限制,整体财政收入较低。

5)农民人均纯收入指标。农民人均纯收入反映了一个国家或地区农民收入的平均水准,人均纯收入越大,说明生活水平越高。较高水平的收入能够保障在应对突发性自然灾害面前有较为雄厚的资金供应,通过采取各种防灾减灾措施有效降低灾害威胁。同地方财政收入图绘制方式相同,将矢量图转换为栅格图。分析可知,关中盆地和陕北榆林市农民人均纯收入较高,尤其以西安市郊区县和陕北神木县、府谷县最高,主要源于发达的城市经济较高的消费水平,带动了周边区县园艺业的发展,增加了农民收入;其次为宝鸡市、咸阳市、渭南市、铜川市、延安市,但延安市临黄区县农民人均纯收入较低;陕南三市除汉台区、城固县、勉县和南郑县较高，其他区县较低，陕南地区多山少地，人均土地资源不足，经济发展相对落后，农业基础较为薄弱。

6)农业总产值指标。农业总产值即农林牧渔业总产值，它反映出一定时期内农业生产的总规模与总成果。农业总产值越高的地区，说明其在应对各种自然灾害过程中（如旱涝灾害）减去损失部分后所获得的总产值越大，表明当地的抗灾救灾能力较强。通过查阅2016年陕西省统计年鉴，得出各区县的农业总产值数据，农业总产值空间分布图绘制方式同农民人均纯收入图相同，先绘制矢量图，然后将矢量图转换为栅格图。分析可得：陕西省农业总产值地域分布差异较大，关中盆地最高，陕南汉水谷地较高，商洛市部分区县、延安市西北诸县和榆林市辖区内定边、靖边等县次之，其他地区较低，其中秦岭地区部分县域如太白县、留坝县、佛坪县、宁陕县和柞水等县最低。

7)旱涝保收面积指标。旱涝保收面积是指某地区在所有有效灌溉面积中，灌溉设施较为齐备，抗灾救灾能力较强，土壤肥力较高，在遭遇较大的旱涝灾害面前，能够保证当地遇旱能灌、遇涝能排，基本不受灾害影响的耕地面积。旱涝保收面积多少与地区的自然环境条件如气候、土壤、河流水系和人为措施作用紧密相关。陕西省旱涝保收面积以关中盆地最高，主要因为关中盆地气候条件优越，地形平坦，土质肥沃，灌溉水源充足，能够保证较高的旱涝保收面积；陕南汉水谷地、陕北榆林市部分区县较高，但二者原因迥异。陕南汉水谷地气候条件优越，为亚热带湿润气候区，降水充沛，地形较为平坦，土壤肥沃，水源充足，灌溉便利，因此当地旱涝保收面积较高。而陕北榆林市因地广人稀，区县辖区内土地面积规模较多，人均土地资源丰富，虽受旱涝灾害（主要为干旱灾害）影响，但总体旱涝保收面积较大。

(3)承灾体暴露性指标选取。通过参考前人相关的研究成果及根据陕西省实际情况，本节中旱灾承灾体暴露性选取常住人口、人口密度、年末常用耕地面积、粮食总产量、行政区面积和地均大牲畜存栏数6个指标。指标数据源自2016年陕西省统计年鉴、陕西省地情网和各市（区、县）民政部门网站。通过借助ArcGIS10.2软件，将指标空间数据和属性数据相关联，得到各指标矢量图形，然后将其转换为栅格图形，易于之后对指标的栅格图层进行叠加及对承灾体暴露性的分析和评估。

1)常住人口指标。常住人口是指全年经常在家或者在家居住时间在5个月以上，也涵盖流动人口在其所居住的城市中的人口。一般来说，常住人口越多，在遭遇自然灾害时，作为下垫面承灾体之一的人口，其暴露性也相应较高。关中地区和陕南汉水谷地自然环境条件较为优越，榆林市长城沿线各区县石油、煤炭等工矿产业发达，常住人口较多；陕北延安市大部分区县及榆林市南部各县、秦岭腹地区县由于山高坡陡，地形破碎，自然环境条件较差，因此常住人口较少。

2)人口密度指标。人口密度是指单位面积土地上所居住的人口数量。同常住人口分布趋势基本一致，陕西省人口密度状况呈现出关中盆地分布最高，陕南居中，陕北最少的分布态势。自古以来，由于优越的气候条件、平坦的地形、肥沃而广阔的农耕土壤，关中地区一直是人口高密度聚集区。关中地区大部分区县人口密度在120人/km^2以上，其中西安市区、渭南市区、咸阳市区和宝鸡市区人口密度为242～19 683人/km^2，较关中其他区县人口密度偏高；陕南汉水谷地以汉台区、城固县、勉县、南郑县、汉滨区、汉阴县、紫阳县、商州区、洛南县人口密度较高，其他区县人口密度偏低，尤其以秦巴山区分布最低；陕北宝塔区、绥德县、米脂县、吴堡县人口密度为122～242人/km^2，其次为榆阳区、佳县、府谷县、靖边县、子洲县、子长县、延川县人口密度在 68～122 人/km²，其他区县人口密度较低。

3)年末常用耕地面积指标。区县年末常用耕地面积越大，在自然灾害发生时，其暴露程度越高。陕西省各区县中年末常用耕地面积以关中盆地东部部分区县如大荔县、合阳县、蒲城县和陕北定边县、靖边县、横山区、榆阳区分布最高，均在 48 474 hm² 以上；关中盆地中陇县、陈仓区、凤翔县、岐山县、乾县、泾阳县、户县、长安区、蓝田县及陕南汉滨区、旬阳县和陕北绥德县年末常用耕地面积分布其次，介于 33 924～48 474 hm²；秦巴山区如太白县、凤县、留坝县、略阳县、宁陕县、佛坪县、石泉县、柞水县、丹凤县、商南县、白河县、岚皋县、镇坪县及陕北子午岭和黄龙山所在区县如甘泉县、富县、洛川县、黄陵县、黄龙县、宜川县等年末常用耕地面积较低；城市地区如西安市碑林区、雁塔区、未央区、莲湖区和宝鸡市渭滨区、金台区、咸阳市秦都区、渭城区及渭南市临渭区分布也较低。

4)粮食总产量指标。同年末常用耕地面积空间分布特征基本相似，粮食总产量空间分布表征为关中盆地渭河沿岸区县(除城区)、陕北定边县、靖边县、榆阳区最高，陕南汉水谷地主要区县分布其次，这些地方为陕西省主要的产粮区；秦岭山区腹地区县及陕北子午岭、黄龙山所在县域粮食总产量最低；剩下的区县粮食总产量分布较低。

5)行政管辖面积指标。行政管辖面积越大，其遇灾暴露性也越大。陕西省区县管辖面积以榆林定边县、榆阳区、神木县最大；其次为靖边县、横山区、吴起县、宝塔区、富县、凤县、宁陕县、洋县、宁陕县、宁强县、镇安县、汉滨区、旬阳县、山阳县、镇巴县；城区如宝鸡市金台区、咸阳兴平市、西安市碑林区、雁塔区、未央区、莲湖区等、铜川市印台区、王益区、杨凌高新农业技术产业示范区，汉台区等区下辖面积较小；其他区县面积居中。

6)地均大牲畜存栏数指标。陕西省全省地均大牲畜主要分布在关中盆地，尤其是宝鸡市陇县、千阳县、麟游县、眉县、咸阳市长武县、彬县、旬邑县、淳化县、永寿县、乾县、渭南市蒲城县、澄城县、韩城市、合阳县、大荔县等；陕南汉中市大部分县域、安康市石泉县、宁陕县、旬阳县、紫阳县、平利县、镇坪县、白河县、商洛市山阳县、商南县分布较多，陕北神木县、府谷县、靖边县、绥德县也呈现零星高密度分布；其他区县地均大牲畜存栏数较少，尤其是城区。

7.5.1.2 洪涝灾害指标选取

目前，前人在对不同区域洪涝灾害的风险评价中一般从 4 个角度选取分指标并进行分析，即致灾因子危险性、承灾体暴露性、孕灾环境敏感性和防灾减灾能力。

姜蓝齐等(2013)在对黑龙江省洪涝灾害风险区划研究中，从致灾因子角度选取了洪涝频率、海拔高度、土壤类型等指标，暴露性方面选取了行政区面积、总人口数、工业总产值和农业总产值指标，脆弱性方面选取了耕地面积、小学在校人数、粮食总产量等指标，防灾减灾能力方面选取了 GDP、地方财政收入、林地面积和农民人均纯收入指标；莫建飞等(2012)在对广西农业暴雨洪涝灾害风险评价中，从致灾因子角度选取了暴雨强度、暴雨频次指标，孕灾环境敏感性方面选取了地形、水系和植被指标，承灾体暴露性方面选取了地均人口、地均 GDP 和耕地比重指标，防灾减灾能力方面选取了人均 GDP 和防洪除涝面积指标；李喜仓等(2012)在对内蒙古自治区暴雨洪涝灾害风险评估及区划中，从致灾因子角度选取了暴雨洪涝频次指标，孕灾环境脆弱性方面选取了地形、水系数据，暴露性方面选取了地均人口、地均 GDP、耕地比重指标，防灾减灾能力方面选取了人均 GDP 指标。

本节选取了几篇比较有代表性的文献对洪涝灾害风险评估指标的选择进行了如上说明。此外，结合其他文献资料综合来看，洪涝灾害风险评估及区划研究中，致灾因子危险性角度一般选取暴雨频次、暴雨强度、年降水量等指标，承灾体暴露性角度选取人口密度、粮食总产量、工业总产值、耕地比重等指标，孕灾环境脆弱性方面选取地形、水系等指标，防灾减灾能力方面选取GDP、地方财政收入、林地面积、旱涝保收面积等。依据IPCC第五次会议对灾害风险管理的最新认知，将防灾减灾能力纳入孕灾环境脆弱性中，因此，本节在对洪涝的风险评估中选取了3个指标。

(1)致灾因子危险性指标选取。本节在参考前人关于洪涝灾害风险评估中所采用的一般或者通用指标的基础上，结合了研究区自身的特征及指标可取性对评价指标作了选取。洪涝灾害致灾因子危险性选取年降水量、暴雨次数、洪涝次数3个指标。指标数据源自中国气象数据共享网(http://cdc.cma.gov.cn)、《中国气象灾害大典·陕西卷》和《陕西历史自然灾害简要纪实》等。通过借助ArcGIS10.2软件，将暴雨频次和洪涝次数2个指标的空间数据与属性数据相关联，得到矢量图形，然后将其转换为栅格图形，易于之后对指标的栅格图层进行叠加及对致灾因子危险性的分析和评估。

1)年降水量指标。具体见7.5.1.1小节干旱灾害指标选取(1)致灾因子危险性指标选取1)中的部分。

2)暴雨次数指标。通过查阅《中国气象灾害大典·陕西卷》《陕西历史自然灾害简要纪实》以及陕西省地情网等史料内容，经过统计得出陕西省各区县1951—2000年暴雨次数，借助ArcGIS10.2软件中空间分析技术，将陕西省1951—2000年暴雨次数依据自然断点法分为5个等级，依次为[2次,5次)、[5次,8次)、[8次,12次)、[12次,15次)和[15次,19次)。分析可知，陕西省1951—2000年暴雨次数高分布区主要为陕南三市，其中以汉中市、商洛市、安康市北部及宝鸡市陈仓区为最，在12次以上，与年降水量分布基本相符；其次为安康市中南部县域、宝鸡市陇县、千阳县、渭滨区、金台区、扶风县、眉县、西安市周至县、长安区、蓝田县、渭南市中南部区县和榆林市榆阳区、神木县，暴雨次数介于8～12次；府谷县、横山区、米脂县、绥德县、延长县、宝塔区、延川县、吴起县、志丹县、韩城市、澄城县、华阴市、王益区、耀州区、户县、三原县、临潼区、凤县、太白县、凤翔县、麟游县、岐山县和长武县暴雨次数较低，为5～8次；陕西省其他区县暴雨次数最低，主要分布在延安市大部分县域、榆林市南部县域、渭南市北部县域和咸阳市大部分县域。

3)洪涝次数指标。通过查阅《中国气象灾害大典·陕西卷》《陕西历史自然灾害简要纪实》以及陕西省地情网等史料，经过统计得出陕西省各区县1951—2000年洪涝次数，借助ArcGIS10.2软件中空间分析技术，将陕西省1951—2000年洪涝次数依据自然断点法分为5个等级，依次为[6次,10次)、[10次,17次)、[17次,23次)、[23次,27次)和[27次,36次)。由此可知，陕南三市全部区县、关中西部宝鸡市因降水较多，渭南市大荔县、临渭区、华县、华阴市因地处二华夹槽地带，行洪受阻，故洪涝次数分布最高，为23次以上；关中盆地中部和北部区县洪涝次数基本介于17～23次，等级较高；陕北榆阳区、神木县、志丹县、安塞县、宝塔区洪涝次数为10～17次；陕北其他区县洪涝次数均在10次以下，洪涝等级最低。总体来看，陕西省洪涝次数同降水量变化特征一致，表现为从南到北逐渐减少的变化趋势。

(2)孕灾环境脆弱性指标选取。本节中洪涝灾害孕灾环境脆弱性选取DEM、坡度、河网密度、农业人口、地方财政收入、林地面积、水库(湖泊)数量、农业总产值和旱涝保收面积9个指标。指标数据源自国家地球系统科学数据共享平台(http://www.geodata.cn)、气象家园论坛(http://bbs.06climate.com/forum.php)、2016年陕西省统计年鉴、陕西省地情网和人大经济论坛等。DEM、坡度、河网密度、农业总产值、旱涝保收面积及分析过程参考见 7.5.1.1。通过借助 ArcGIS10.2 软件，将社会经济类型指标的空间数据和属性数据相关联，得到矢量图形，然后将其转换为栅格图形，易于之后对指标的栅格图层进行叠加及对孕灾环境脆弱性的分析和评估。

1)地方财政收入。陕西省规模以上工业企业总产值高值区主要分布在关中五市、陕北榆林、延安市区，即西安市临潼区、阎良区、灞桥区、雁塔区、宝鸡市金台区、渭滨区、咸阳市秦都区、渭城区、兴平市、三原县、渭南市临渭区、韩城市、铜川市耀州区、王益区和榆林市榆阳区、神木县、府谷县、定边县、延安市宝塔区，陕南勉县也较高，上述区县工业企业总产值介于 240～1138 亿元；产值介于 135～240 亿元的区县主要分布在关中盆地部分区县、陕北横山区、延川县、延长县、志丹县、洛川县及陕南三市市区(汉中市汉台区、安康市汉滨区和商洛市商州区)；工业企业总产值低值区(介于 0～90 亿元)主要集中分布在陕南秦巴山区腹地区县、陕北黄龙山所在区县及子洲县、佳县、清涧县、吴堡县、绥德县和宝鸡市陇县、千阳县、麟游县、咸阳市长武县、永寿县、渭南市大荔县、潼关县等。

2)农业人口指标。农业人口指居住在农村或集镇，以从事农业生产和以农业收入为主要生活依靠的人口。农业人口对自然灾害具有较强的敏感性和低防灾减灾能力，因此农业人口越多的区县，其孕灾环境脆弱性越大。陕西省农业人口以关中地区分布最高，其次为陕南汉水谷地和陕北榆林市长城沿线主要区县，这些地区耕地面积广阔；秦岭腹地县域因地处山区、延安市大部分区县、榆林市南部县域位于水土流失严重地区及西安市城市化率高值区县和宝鸡市渭滨区、金台区，咸阳市渭城区、秦都区，铜川市王益区、印台区因城市化发展，致使农业人口数量较少。

3)林地面积指标。林地面积是指生长乔木、灌木、竹类及沿海红树林等林木的土地面积。森林具有涵养水源、保持水土、削洪补枯的作用，因此，森林覆盖率较高地区，其固土防蚀能力较强，对减轻水旱灾害发生具有一定功效。陕西省林地面积区域分布不均，陕南地区诸县降雨充沛，气候湿润，人口较少，林地面积分布最多，尤其以秦巴山区为最；陕北子午岭、黄龙山所在区县林地面积较高；其次为陕北黄土高原地区，自 1999 年国家启动大面积退耕还林政策以来，黄土高原地区植被覆盖率较过去显著提高；关中盆地因以农业为主，人口密集，工业发达，城市化率较高，人类活动对自然环境干扰程度较大，因此其林地面积较低。

4)水库、湖泊数量指标。水库、湖泊具有防洪、蓄水灌溉、削洪补枯、供水的作用。陕西省水库、湖泊高密度分布区主要集中在陕南汉水谷地汉中段、关中盆地及陕北黄土高原中北部水蚀严重区。受季风气候年际、季节波动的影响，陕西省地区降水时空分布不均，水库、湖泊对地区防洪、灌溉、调节径流具有重要意义。

通过查阅、参考前人相关的研究成果及根据陕西省实际情况，本节中洪涝灾害承灾体暴露性选取常住人口、人口密度、年末常用耕地面积、粮食总产量、行政区面积及地均大牲畜存栏数 6 个指标，同旱灾承灾体暴露性指标所选一致。

7.5.2　评估指标量化

依据 IPCC 第五次评估报告中关于气候变化的风险是经气候变化危害、暴露度和脆弱性三方面相互作用后产生的最新结论，结合陕西省省情状况，得出影响研究区干旱、洪涝灾害风险评估及区划是由 3 个影响因子构成的，但具体指标是非常复杂的。本节选取对陕西省干旱、洪涝灾害风险评估具有代表性的具体指标，剔除代表性弱和数据难以完善的指标，其中干旱灾害方面选取了 16 个分指标，洪涝灾害方面选取了 18 个分指标。各个影响因子对灾害的影响程度迥异，因此通过 AHP 层次分析法并结合专家打分法对其分别进行权重确定，以表征出各个分指标对旱涝灾害风险的贡献程度大小。权重的合理性直接影响评估结果的客观性和准确性。

一般来说，确权的方法分为主观和客观两种。当前，学者们开展的区域性干旱、洪涝灾害风险评估研究的方法很多，其中涉及因子分析法、统计方法、专家打分法、AHP 层次分析法、特尔菲咨询法、模糊综合评价法、决策树法、灰色关联分析法等（王博 等，2007）。主观性赋权方法因受赋权者个人对领域认知程度高低的影响，往往会使得评价结果表现出一定的偏差。而客观性赋权方法主要是基于数学模型对具体影响指标进行确权，相对于主观性赋权方法而言，其所确定的权重更符合客观实际，但运算过程复杂、所需数据量大，应用较少。

客观来看，不论是某一主观性赋权方法，亦或是单一客观性赋权方法，均存在一定的局限性，主观性赋权方法主观认知太强，客观性赋权方法对数学模型依赖严重，数学模型的地区适应性也存在局限性。因此，将二者进行结合能够使主管与客观各自弥补自身不足，使得指标确权结果更符合研究区实际情况。本节主要通过 AHP 层次分析法、加权综合评价法并通过让熟悉该领域的相关专家、学者对该研究所选取的指标进行确权，经过调试，使得各个风险评价影响因子、指标权重和风险评估结果尽量符合研究区实际。干旱、洪涝灾害风险评估指标体系及权重见表 7.2 与表 7.3。

表 7.2　陕西省干旱灾害风险评估指标体系及权重

评估因子及权重		指标及权重	
致灾因子危险性	0.42	年降水量	0.41
		年平均气温	0.34
		综合旱灾次数	0.25
孕灾环境脆弱性	0.23	DEM	0.08
		坡度	0.12
		河网密度	0.17
		地方财政收入	0.21
		农民人均纯收入	0.16
		农业总产值	0.11
		旱涝保收面积	0.15
承灾体暴露性	0.25	常住人口	0.15
		人口密度	0.21
		年末常用耕地面积	0.21
		粮食总产量	0.17
		行政区面积	0.10
		地均大牲畜存栏数	0.16

表 7.3 陕西省洪涝灾害风险评估指标体系及权重

评估因子及权重		指标及权重	
致灾因子危险性	0.34	年降水量	0.39
		暴雨频次	0.35
		综合洪涝灾害次数	0.26
孕灾环境脆弱性	0.42	DEM	0.06
		坡度	0.09
		河网密度	0.16
		农业人口	0.13
		农业总产值	0.08
		地方财政收入	0.17
		林地面积	0.08
		水库(湖泊)数量	0.10
		旱涝保收面积	0.13
承灾体暴露性	0.24	常住人口	0.15
		人口密度	0.21
		年末常用耕地面积	0.21
		粮食总产量	0.17
		行政区面积	0.10
		地均大牲畜存栏数	0.16

7.6 陕西省旱涝灾害风险影响因子评估

7.6.1 干旱灾害风险影响因子评估

以陕西省 1954—2014 年 34 个站点年平均降水量和气温变化数据为基础,并结合 60 年尺度下陕西省综合干旱发生频次,统计结果表明,陕西省各类干旱发生频率呈现递增趋势,这里重点考虑了影响干旱灾害发生的年降水量和气温变化幅度。年降水量越大,在蒸发量不变的情况下,地区气候越湿润,干旱指数越小,反之则越大;年平均气温越高,在降水量不变的情况下,地区蒸发量越大,干旱指数越大,反之则越小。运用 ArcGIS 技术中栅格地图代数叠加功能将年降水量指标图层、年平均气温图层和干旱次数指标图层进行空间叠加,然后依据自然断点法将旱灾致灾因子危险性指数 H 划分为 5 个危险等级,低危险区、次低危险区、中等危险区、次高危险区、高危险区,对应的 H 分别为低(<0.29)、次低[0.29,0.47)、中等[0.47,0.64)、次高[0.64,0.78)、高(≥0.78),从而得到陕西省干旱灾害致灾因子危险性区划图(图 7.3)。

从图 7.3 可得,陕西省旱灾致灾因子危险性表征为自北向南递减的变化趋势。高危险区集中分布榆林市全境和延安市西北部地区,即神木市、府谷县、横山区、佳县、靖边县、定边县等靠近毛乌素沙漠的区县和吴起县、志丹县、安塞县;次高危险区主要分布范围包括延安市及关中盆地东部大部分区县；中等危险区主要囊括宝鸡市大部分区县、咸阳市永寿县、淳化县、旬邑县、武功县、兴平市、西安市户县、蓝田县、渭南市临渭区、华县、潼关县、澄城县、铜川市宜君县、延安市黄陵县、黄龙县和洛川县。次低危险区集中分布在陕南三市大部分区县；低危险区分布范围最小，仅限宁强县、镇巴县和紫阳县(徐玉霞 等,2018)。

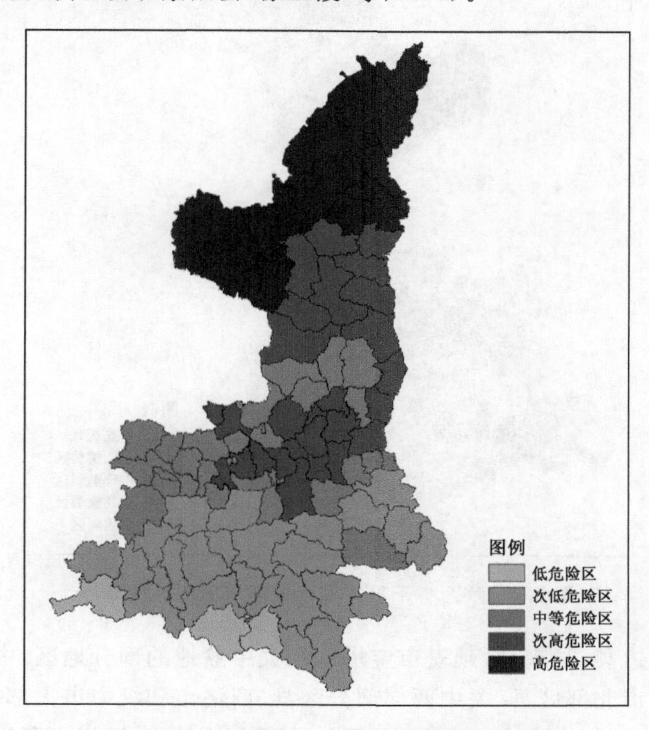

图 7.3 陕西省干旱灾害致灾因子危险性区划图

7.6.2 孕灾环境脆弱性指标分析及评估

孕灾环境包括各种自然和社会经济因素，其脆弱性能够衡量某地灾害发生的可能性，对灾害具有放大和缩小的影响。陕西省干旱灾害孕灾环境主要考虑了地形地貌、河网密度、地方财政收入、农业总产值和旱涝保收面积等指标。高原、山地地形不利于水分的保持，而平原地势平坦，水分保持量较高，河网密度较大的地区和靠近河流的地区，孕灾环境较弱；地方财政收入越高，应灾时越能有足够的财力支持，采取必要的防灾减灾措施以降低灾损；农业总产值越高的地区，说明其在应对各种自然灾害过程中(如旱涝灾害)减去损失部分后所获得的总产值越大，表明当地的抗灾救灾能力较强；旱涝保收面积的多少，反映出地区的抗灾救灾能力的强弱。利用 ArcGIS 空间分析功能，将影响陕西省旱灾孕灾环境脆弱性的 7 个具体指标进行栅格地图代数叠加，依据自然断点法将孕灾环境脆弱性指数 V 划分为 5 个脆弱等级，即低脆弱区、次低脆弱区、中等脆弱区、次高脆弱区和高脆弱区，相应的 V 分别为低(<0.15)、次低[0.15,0.25)、中[0.25,0.32)、次高[0.32,0.43)、($\geqslant 0.43$)，陕西省干旱灾害孕灾环境脆弱性区划图如图 7.4 所示。

据图 7.4 可知，陕西省干旱灾害孕灾环境脆弱性等级各区县分布不均。总体来看，榆林和关中盆地部分区县的脆弱性等级较高。高脆弱性地区主要分布在定边县、神木市和关中盆地的凤翔县、乾县、泾阳县、长安区、富平县、澄城县、大荔县和临渭区；次高脆弱性地区主要分布

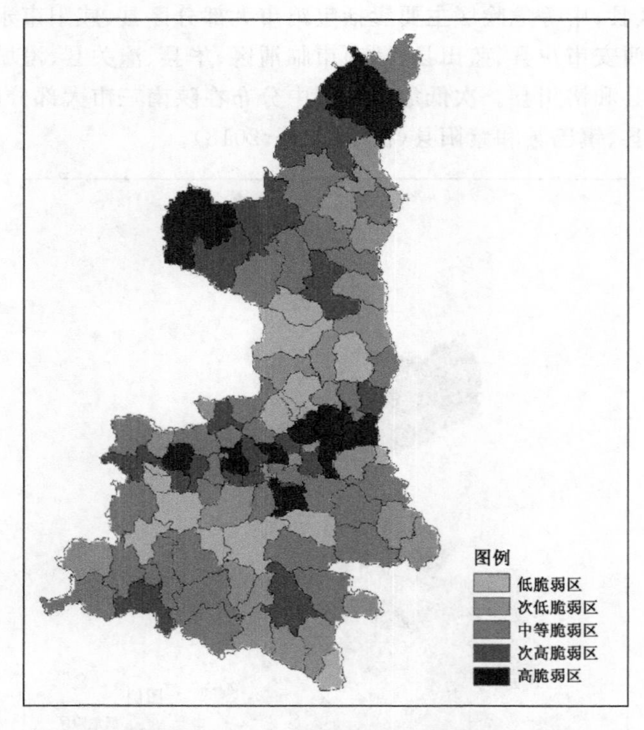

图 7.4 陕西省干旱灾害孕灾环境脆弱性区划图

在榆林市榆阳区、靖边县、吴起县、延安市宝塔区和关中盆地的部分地区；中等脆弱区分布范围较广，主要位于延安市北部区县、关中西部部分区县、商洛市和汉中市大部分区县；低和次低脆弱性区分布范围则涵盖延安市南部黄龙山、子午岭所在的县域、铜川市所辖区县、丹凤县、商南县、略阳县和安康市部分区县以及秦岭腹地所在的县域。

7.6.3 承灾体暴露性指标分析及评估

承灾体暴露性是指下垫面中自然环境和社会经济环境可能遭受各种自然灾害威胁而产生的各种损失。陕西省旱灾承灾体暴露性主要选择常住人口、人口密度、年末常用耕地面积、粮食总产量和地均大牲畜存栏数作为评估指标。利用 ArcGIS 空间分析功能，将影响陕西省旱灾承灾体暴露性的 6 个具体指标进行栅格叠加处理，得到陕西省干旱灾害承灾体暴露性区划图(图 7.5)。依据自然断点法将承灾体暴露性指数 S 划分为 5 个暴露等级，分别为低暴露区、次低暴露区、中等暴露区、次高暴露区和高暴露区，相应的 S 依次为低(<0.036)、次低[0.036,0.062)、中[0.062,0.100)、次高[0.100,0.350)、高($\geqslant 0.350$)。

据图 7.5 可知，陕西省干旱灾害承灾体暴露性等级以榆林北部和关中盆地最高，主要为经济发达地区。承灾体高暴露区主要分布在榆林市榆阳区、定边县、西安市长安区、渭南市临渭区、富平县、蒲城县和大荔县；次高暴露区位于陕北靖边县、关中盆地中西部部分区县和安康市汉滨区；中等暴露区位于陕北神木市、横山区、绥德县、宝塔区、宝鸡市陇县、眉县、澄城县、彬县、礼泉县、三原县、武功市、洛南县、旬阳县和汉中市部分区县；低和次低暴露区分布面积最广，包括延安市大部分区县、铜川市所辖区县、关中盆地北部区县和陕南秦巴山区大部分县域(徐玉霞 等，2018)。

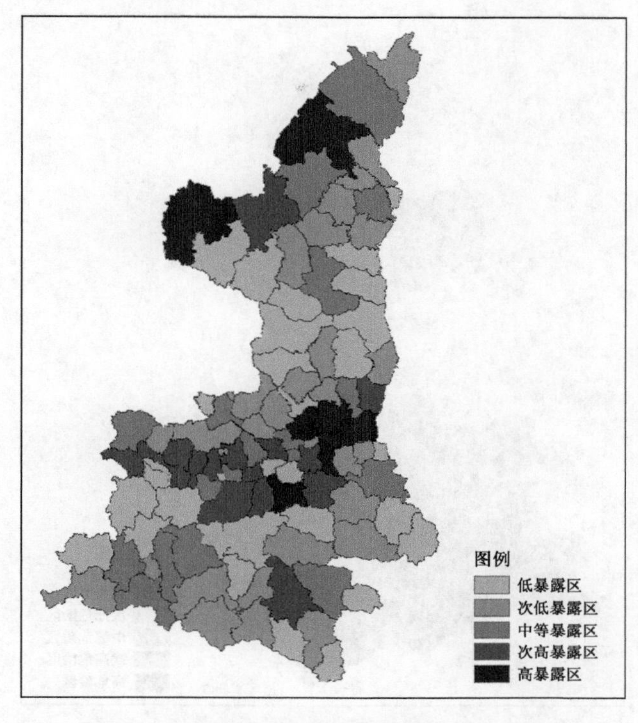

图 7.5　陕西省干旱灾害承灾体暴露性区划图

7.7　洪涝灾害风险影响因子评估

以陕西省 1954—2015 年 34 个站点年平均降水量和暴雨频次为基础，结合近 60 年该区各区县综合洪涝灾害发生频次，运用自然断点法将致灾因子危险性指数 H 划分为低、次低、中等、次高和高危险区，对应的 H 值依次为(＜0.21)、[0.21,0.42)、[0.42,0.53)、[0.53,0.66)、(≥0.66)，基于 ArcGIS 技术得出陕西省洪涝灾害致灾因子危险性区划图(图 7.6)。

由图 7.6 可知，陕西省洪涝灾害致灾因子危险程度最高的地区为汉中市。高危险区主要分布在汉中市各区县、安康市区及以南各县、丹凤和商南；次高危险区主要分布在安康市辖区内北部各县、商洛市和宝鸡市大部分区县、渭南市区；中等危险区主要分布在关中盆地东部渭河沿岸区县、韩城、长武、彬县和铜川市区；次低危险区集中分布在渭北旱塬区、户县、长安区和潼关；低危险区位于延安市和榆林市。

7.7.1　孕灾环境脆弱性指标分析及评估

陕西省洪涝灾害孕灾环境主要考虑了 DEM、坡度、河网密度、农业人口、地方财政收入、林地面积、水库(湖泊)数量、农业总产值和旱涝保收面积 9 个指标。依据自然断点法将孕灾环境脆弱性指数 V 划分为 5 个脆弱等级，依次为低脆弱区、次低脆弱区、中等脆弱区、次高脆弱区和高脆弱区，对应的 V 值依次为(＜0.18)、[0.18,0.28)、[0.28,0.45)、[0.45,0.57)、(≥0.57)，运用 ArcGIS 空间分析功能，得出陕西省洪涝灾害孕灾环境脆弱性区划图(图 7.7)。

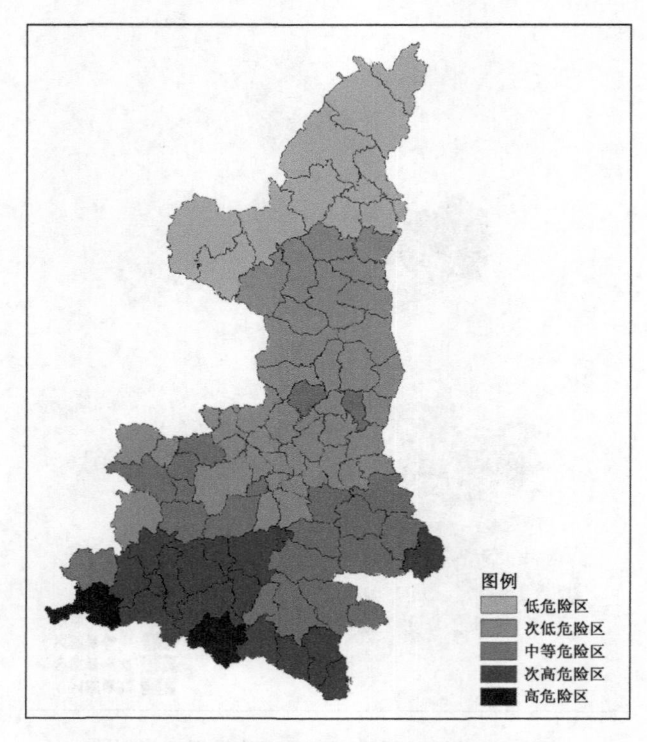

图 7.6　陕西省洪涝灾害致灾因子危险性区划图

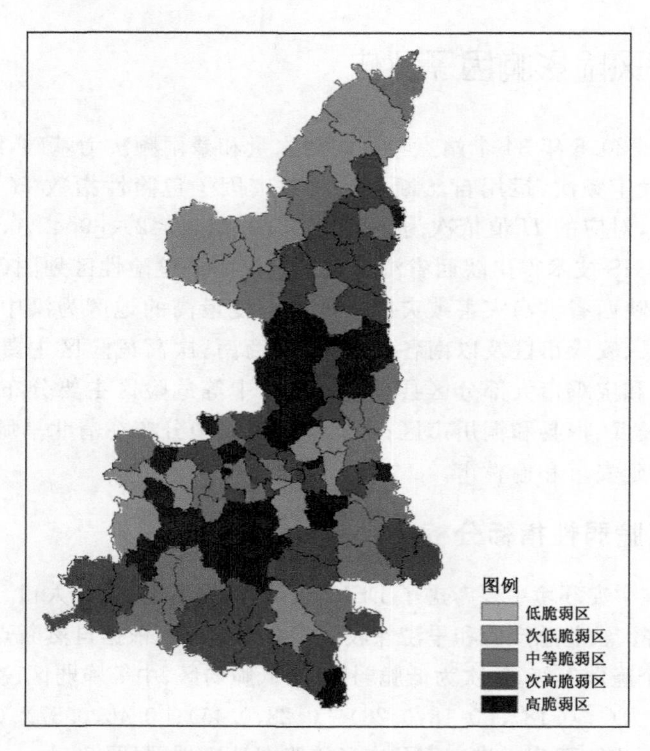

图 7.7　陕西省洪涝灾害孕灾环境脆弱性区划图

从图 7.7 可知，陕西省孕灾环境脆弱性空间分布差异较大。高脆弱区和次高脆弱区集中分布在陕北子午岭、黄龙山、秦岭西部所在的大部分县域；中等脆弱区及次低脆弱区分布则较为零散，各市所辖区县均有分布；低脆弱区主要分布在陕北长城沿线区县、宝鸡市陈仓区、凤县、凤翔和西安市、渭南市部分区县。

7.7.2　承灾体暴露性指标分析及评估

承灾体暴露性是指自然环境和社会经济系统可能受到自然灾害威胁而造成的环境破坏、农业损失以及人员伤亡。陕西省承灾体暴露性主要选择常住人口、人口密度、规模以上工业企业总产值、年末常用耕地面积、农业总产值作为评估指标。利用自然断点法将承灾体暴露性指数 S 划分为 5 个暴露等级，依次为低暴露区、次低暴露区、中等暴露区、次高暴露区和高暴露区，对应的 S 值依次为（<0.06）、[0.06，0.11)、[0.11，0.17)、[0.17，0.28)、（$\geqslant 0.28$）。运用 ArcGIS 空间分析功能得出陕西省洪涝灾害承灾体暴露性区划图（图 7.8）。

从图 7.8 可知，陕西省洪涝灾害承灾体暴露性各区县分布不均。承灾体高暴露区主要分布在西安市区和定边县；次高暴露区位于宝鸡市区、凤翔、咸阳市区、长安区、临潼区、大荔、潼关、白水、澄城、安康市区和汉中市区；中等暴露区位于关中大部分区县、汉中市主要区县、旬阳、洛南和延安市区；次低暴露区位于延安市辖区内北部各区县、榆林市辖区内南部各区县以及铜川市区、商洛市区、山阳、镇安、镇巴、西乡等；低暴露区位于延安市辖区内南部各区县、宜君、太白、略阳、宁陕、柞水、丹凤、白河和镇平县。

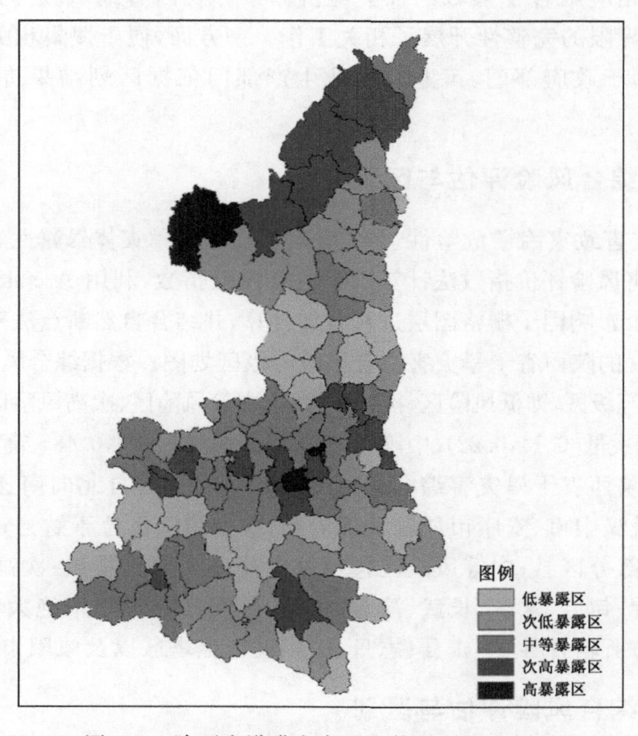

图 7.8　陕西省洪涝灾害承灾体暴露性区划图

7.8 陕西省旱涝灾害综合风险评估与区划

7.8.1 旱涝灾害风险区划原则

为了剖析陕西省旱涝灾害风险的地域差异性，详细分析各区县旱涝灾害风险的基本特征及成因，根据实地情况因地制宜制定相关防汛抗旱措施，需要对研究区进行旱涝灾害风险评估。旱涝灾害风险区划是以县域为研究单元，根据旱涝灾害在各区县空间上的分布规律，来认识和发现旱涝灾害的区域差异性，通过对影响干旱、洪涝灾害的基础地理信息数据、气象数据、社会经济数据和灾情数据进行空间分析，得出区划分布图，以反映旱涝灾害影响范围的分布态势。

区划原则对选取合适的区划方法及相关区划指标具有重要意义。依据耿大定等(1978)提出的综合自然区划原则及史培军(2002)、张继权等(2006)、黄崇福等(1998)近30年所开展的自然灾害风险评估研究工作经验，本节所依据的风险区划原则主要有：综合性原则、主导性原则、发生统一性原则、相对一致性原则和区域共轭性原则。区域灾害风险评估区划既应反映干旱、洪涝灾害的时空分布特征，又须对相应的防洪抗旱工作给予一定的指导，因此，在分析旱涝灾害形成因子即致灾因子危险性、孕灾环境脆弱性和承灾体暴露性3个影响因子的基础上，考虑了综合性原则、主导性原则、相对一致性原则及区域共轭性原则，并兼顾和适当保持了区域行政界限的完整性，相应结合了区域的社会经济因素。陕西省地域较为广阔，下辖107个区县，本研究按照行政界限的完整性开展了相关工作。一方面，便于搜集相关研究所需的基础信息数据，另一方面，利于政府部门、工业及农业生产部门依据区划结果进行相关的防灾减灾工作。

7.8.2 干旱灾害综合风险评估与区划

本节在对干旱灾害致灾因子危险性、孕灾环境脆弱性和承灾体暴露性3个影响因子定量分析的基础上，依据灾害风险评价指数法计算干旱灾害风险指数，利用ArcGIS空间分析中的地图代数计算功能，对3个影响因子栅格图层进行叠加计算，并结合自然断点法对干旱灾害风险值予以分级，得到如图7.9的陕西省干旱灾害综合风险等级区划图。根据综合风险值将陕西省旱灾风险区划分为5个风险等级区，即低风险区、次低风险区、中等风险区、次高风险区和高等风险区，对应的分别为低(＜0.14)、次低[0.14,0.22)、中等[0.22,0.34)、次高[0.34,0.43)、高(≥0.40)。

据图7.9可得，陕西省干旱灾害综合旱灾风险等级表征为自北向南递减的分布规律。旱灾低风险区主要涵盖汉中市、安康市所辖大部分县；次低风险区位于勉县、留坝、略阳、佛坪、洋县、镇坪和商洛市大部分区县；中等风险区包括关中盆地大部分县域；次高风险区主要位于宝鸡市陇县、太白、麟游、旬邑、永寿、长武、淳化、彬县、延安市和铜川市绝大部分区县；高风险区则主要集中在榆林市所辖各县、吴旗县、志丹县、延安市宝塔区以及咸阳市区。

7.8.3 洪涝灾害综合风险评估与区划

依据综合风险 F 值将洪涝灾害风险划分为低风险区、次低风险区、中等风险区、次高风险区和高风险区5个风险等级，对应的 F 值依次为低(＜0.16)、次低[0.16,0.22)、中[0.22,0.27)、次高

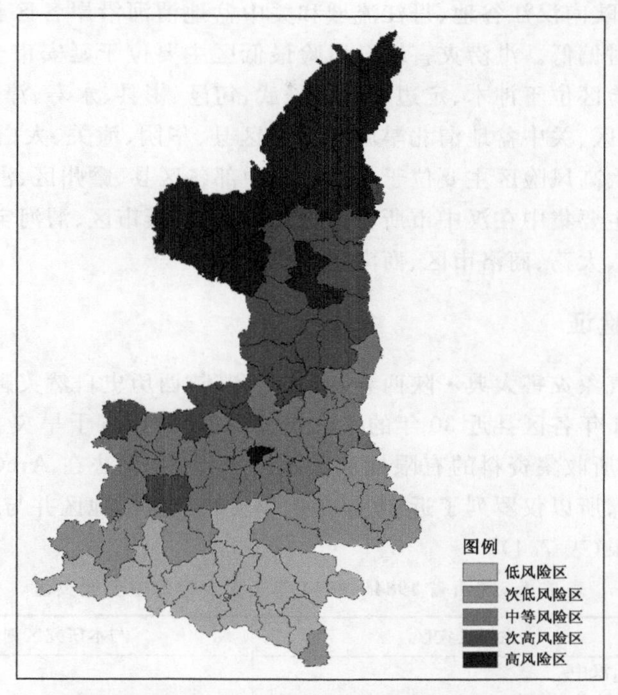

图 7.9　陕西省干旱灾害综合风险等级区划图

[0.27,0.32)、高(≥0.32),在对影响陕西省洪涝灾害风险大小的3个影响因子定量分析的基础上,运用ArcGIS软件空间分析中的地图代数计算功能,对3个影响因子栅格图层进行叠加计算,并结合自然断点法对干旱灾害风险值予以分级,得出陕西省洪涝灾害综合风险等级区划图(图7.10)。

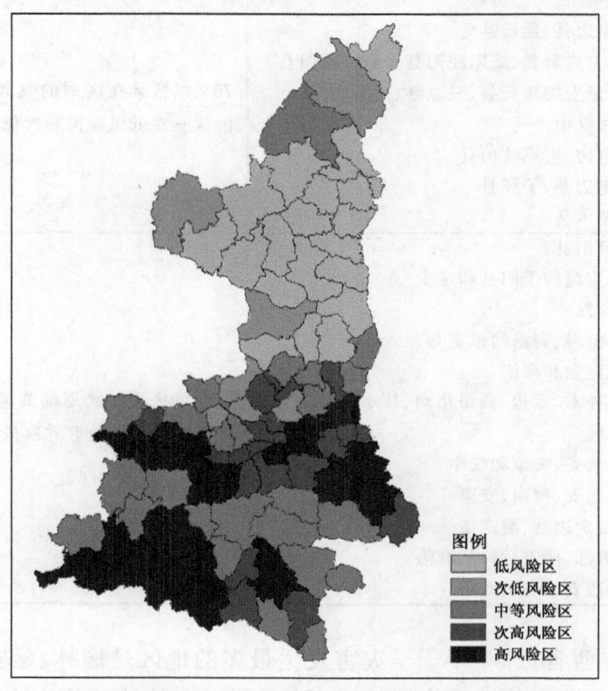

图 7.10　陕西省洪涝灾害综合风险等级区划图

从图 7.10 可知，陕南汉江谷地、丹江流域和关中盆地渭河沿岸各区县洪涝灾害的综合风险偏高，其他地区相对偏低。洪涝灾害综合风险最低区主要位于延安市全境和榆林市辖区内大部分县域；次低风险区位于神木、定边、宜君、长武、旬邑、彬县、永寿、淳化、凤县和宁陕县；中等风险区位于榆林市区、关中盆地渭北旱塬区部分区县、华阴、潼关、太白、留坝、略阳、商洛市和安康市部分县域；次高风险区主要位于关中盆地中部各区县、耀州区、澄城、商南、汉阴、紫阳和平利县；高风险区主要集中在汉中市所辖大部分县域、安康市区、渭河宝鸡段沿岸各区县、周至、临潼区、渭南市区、大荔、商洛市区、商南和丹凤县。

7.8.4 区划结果验证

本节依据《中国气象灾害大典·陕西卷》(2005)和《陕西历史自然灾害简要纪实》(2002)中的陕西省 1984—2014 年各区县近 30 年的旱灾灾情数据，对该省干旱灾害风险评估及区划的结果进行验证。由于所收集资料的有限性和数据的可得性，无法在 ArcGIS 中用图层的形式将灾情数据表示出来，所以仅罗列了近 30 年发生旱灾较严重的地区并与本节的区划结果进行对比，来验证区划结果(表 7.4)。

表 7.4 陕西省 1984—2014 年干旱灾害的主要受灾区

年代	年份	主要受灾区	与本研究区划结果符合程度
20 世纪 80 年代	1984	铜川、汉中	82％的区县在规划的高风险区和次高风险区；18％的区县在低风险区和次低风险区
	1985	榆林、商洛、安康	
	1986	榆林、咸阳	
	1987	榆林定边县、佳县、清涧和延安的延川县	
	1988	榆林定边	
	1989	榆林、延长县、咸阳	
20 世纪 90 年代	1990	定边、铜川	75％的区县在区划的高风险区至中等风险区；25％的区县在低风险区和次低风险区
	1991	榆林定边县、延长县	
	1994	榆林、宝鸡眉县、咸阳泾阳县和商洛山阳县	
	1995	榆林、延安的延长县、三原县、商洛、安康	
	1996	宝鸡和汉中	
	1997	榆林定边、宝鸡岐山县	
	1998	榆林定边县、子洲县	
	1999	榆林神木县	
2000 年至 2014 年	2000	咸阳径阳县	76％的区县在区划的高风险区至中等风险区；24％的区县在低风险区和次低风险区
	2001	榆林、宝鸡的千阳县和延安	
	2002	榆林和汉中	
	2003	榆林、宝鸡、商洛的镇安县	
	2004	榆林、延安和商洛	
	2005	府谷、神木、定边、商洛洛南、柞水、山阳和咸阳彬县	
	2006	榆林、延安、安康和汉中	
	2007	榆林、延安、渭南、安康	
	2008	榆林市定边县、渭南市	
	2009	陕北南部、西安、渭南、商洛	
	2014	渭南、西安、咸阳、商洛	

由表 7.4 可知，陕西省近 30 年干旱灾害发生最多的地区是榆林、延安东部沿黄河一带、关中的宝鸡、咸阳、西安和渭南等地及商洛地区，即 75％以上的地区均在本节区划的中等风险区

至高风险范围内，陕南的汉中和安康地区虽也有旱灾发生，但其灾情通常会比陕北和关中的较轻，程度较弱。杜继稳等(2008)对陕西省干旱灾害风险区划的结果为：陕北大部分地区(除延安西南部)、关中东中部地区、商洛和安康的少部分地区为旱灾严重的地区。以上的两种结果和本节所得出的区划结果大体一致，从而可以证明本节的区划结果有一定的实用价值，与实际基本吻合。

本节依据《中国气象灾害大典·陕西卷》和《陕西历史自然灾害简要纪实》中陕西省1970—2000近30年各区县洪涝灾害记录(主要参考洪涝灾害发生较严重地区)，对陕西省洪涝灾害风险评估及区划结果进行验证(表7.5)。

表7.5 陕西省1970—2000年洪涝灾害主要受灾区

年代	年份	主要受灾区	与本研究区划结果符合程度
20世纪70年代	1970	汉阴、富平、耀州区	76%的区县分布在区划结果中的中等风险区及以上等级，24%的区县分布在低风险区和次低风险区
	1971	韩城、神木、淳化	
	1972	靖边、镇安、商南、丹凤、三原	
	1973	长武、周至、咸阳和渭南等渭河两岸区县	
	1974	延安、大荔、华县、潼关、勉县、宁强	
	1975	镇巴、蒲城、富平、商南、宁强、勉县	
	1976	周至、眉县、汉阴	
	1977	延安、镇巴、安康、紫阳、榆林市区	
	1978	丹凤、安康、乾县、镇安、榆林市区、神木	
	1979	汉中、蓝田、灞桥、乾县、黄陵	
20世纪80年代	1980	汉中、商南、丹凤、周至、户县、石泉	81%的区县分布在区划结果中的中等风险区及以上等级，19%的区县分布在低风险区和次低风险区
	1981	扶风、宁陕、石泉、汉中市全境、宝鸡市西部区县	
	1982	镇平、陕南东部、关中盆地中东部和安康部分地区	
	1983	安康、汉中、定边、丹凤、铜川	
	1984	三原、商洛部分区县、宁陕、旬阳	
	1985	蓝田、山阳、洛南、镇安、宁陕、佳县	
	1986	汉中、咸阳、周至、铜川市区	
	1987	西安城区、商洛、延安市区、延长、陕南、榆林	
	1988	吴起、铜川、华阴、商南、宝鸡市区、柞水、留坝	
	1989	丹凤、柞水、千阳、陈仓区、神木、佳县、凤翔	
20世纪90年代	1990	汉中、陇县、眉县、千阳、周至、咸阳城区、吴起	76%的区县分布在区划结果中的中等风险区及以上等级，24%的区县分布在低风险区和次低风险区
	1991	汉阴、武功、乾县、蒲城、富平	
	1992	韩城、华县、关中西部、渭南市区、泾阳	
	1993	榆林、延安市区、延长县、三原县、商洛、安康	
	1994	合阳、陕北、关中大部和陕南西部	
	1995	汉中、平利、渭南、神木、府谷、铜川	
	1996	镇巴、陇县、千阳、陈仓区、临潼、富县、华阴	
	1997	商南、西安地区、靖边	
	1998	丹凤、汉中、陈仓、镇安、柞水、山阳、商南	
	1999	渭南市中南部	
	2000	汉中、安康、商洛、铜川市王益、印台两区、韩城、渭南市区、佳县	

由表7.5可知，陕西省1970—2000年洪涝灾害发生频次最高的区域为陕南地区的汉中、安康和商洛市及关中盆地渭河沿岸各区县，其中76%以上的县区均在本节区划结果中的中等风险区至高风险区范围内。地区极端强降水事件对导致洪涝灾害发生具有重要作用，姜创业

等(2011)对陕西省极端强降水事件的空间演变研究结果表明,陕西省年平均极端降水事件呈现出南多北少的分布规律。杨金虎等(2008)对西北地区东部夏季极端降水事件与太平洋SSTA的遥相关的研究结果表明,冬季赤道中东太平洋异常暖年,西北地区东部夏季极端降水事件频率增加。表7.5的统计结果与相关研究成果和本节得出的区划结果基本一致,且区划结果与陕西省的实际灾情基本吻合,从而表明本节的区划结果具有一定的实用性和参考价值。

7.9 陕西省旱涝灾害风险管理对策

7.9.1 建立旱涝灾情监测系统,搭建综合监测网络

根据陕西省实际情况,因地制宜建立一个涵盖全省的干旱、洪涝等自然灾害的监测系统,包括市、县(区)两个等级,通过数据采集、分类、传输、储存、分析评估,进行自动化监测预报和综合管理。旱涝灾害监测系统是一个综合性的系统,包括灾情信息监测、预报、预警、灾害风险评估、风险管理、防灾、灾害应急响应、决策指挥、减灾、救灾等。搭建综合监测网络可以在很大程度上增强区域防洪抗旱的能力,提高灾害的响应水准,摸清灾害发生发展规律,主动防范自然灾害,减轻实际灾损。陕西省干旱灾害监测应以陕北和关中地区为重点,洪涝灾害监测应以秦巴山区、关中西部宝鸡市及渭河下游二华夹槽地区为重心。

7.9.2 完善旱涝灾害风险管理制度

完善的应灾风险管理制度和体系对于地区防灾减灾和降低灾损具有重要作用。旱涝灾害风险管理制度体系应包括机构设置、备灾预案、政策法规、防洪抗旱规划、救灾物资储备、灾害风险管理及防灾减灾工程技术等方面。因此,应完善陕西省灾害风险管理制度建设,充实省、市、区县级防洪抗旱工作人员,加强岗位培训和实际锻炼;健全相关法律法规,确保防洪抗旱工作顺利推进;加大政府政策倾斜力度,增加应灾财政预算;因地制宜、因时制宜制定防洪抗旱规划和备灾预案,区别对待并制定流域、城市、农村、工矿地区专项预案,提高陕西省各区县的旱涝灾害灾情预警预报能力,建设防洪抗旱应急工程和相关保障工程建设;根据经济发展需要和应灾需求,给予较大的财政支持力度;加强防洪抗旱的工程技术水平,提升陕西省防灾、减灾和救灾的能力。

7.9.3 强化水利工程设施的建设力度

水利工程设施对地区防洪抗旱、蓄水保土、调节径流、应急供水、保证灌溉等方面具有突出作用。当前,陕西省应重点围绕山区和水土流失严重地区,开展和加快中小型和微型水利工程设施建设步伐,建设有一定面积的旱涝保收高产农田,保障基本的粮食供应和生活需求。陕南秦巴山区气候湿润,降水充沛,应重点强化山区中小流域的水利工程设施建设,围绕汉水中上游水库建设工程和引汉济渭工程建设,提高水库和人工湖泊数量,增加蓄水和调水能力,减轻洪涝灾害威胁。陕北黄土高原水土流失严重地区应重点加强小流域综合治理,因地制宜修建小水库、水塘、水窖、淤地坝等小型和微型水利工程设施,减轻干旱灾害风险和保障人畜饮水。关中地区应重点修建水库和引水渠道,保障基本农田灌溉需要。

7.9.4　发展节水农业，推广节水灌溉

整体来看，陕西省农业用水效率比较低。目前，大部分农田依然采取传统型的大水漫灌方式，灌渠老旧，渗漏严重，水资源浪费严重。关中地区应大力发展先进的喷灌、滴灌，进行农田灌溉和管理，对于老旧的水渠应及时修补。陕北地区由于气候干燥，降水较少，应发展集水设施，在合适农耕地种植耐旱作物，培育新型品种。陕南汉水谷地稻田灌区应推广节水灌溉设施，改善山区的农业发展条件。

7.9.5　加快河道、沟渠、坡面整治步伐

当前，由于经济发展和人类活动扰动加速的影响，陕西省大部分河道存在诸多灾害隐患。如汉水、渭河、泾河、北洛河、延河、无定河等河流受城市扩张和人口增加的影响，河流水资源消耗过度，河道过水断面缩减，尤其是关中和陕北两地的河流存在季节性断流干枯的危险。同时，河流挖沙、工程建设对原始河道的影响颇大，改变了河流本身的面貌，河道淤堵现象严重，在遭遇特大暴雨时，河道行洪不畅，加剧了洪涝灾害的风险。对人工挖掘的沟渠，根据现实需要进行管理和维护，对老旧沟渠进行保养更新，对现实需求不大的沟渠进行填埋，恢复原始地面。对于坡面人工堆放的固体废弃物予以运移，减少暴雨的冲刷，减轻沟谷、河道的淤塞，坡面较陡的耕地进行退耕还林还草，恢复植被，改善区域小气候，缓解地区旱涝灾害发生频率。

7.9.6　提升地区备灾、防灾、应灾、减灾及救灾能力

高效的备灾、防灾、应灾、减灾及救灾能力对于缓解和减轻旱涝灾害风险与降低灾损具有重要的现实意义。目前，陕西省在灾害预测、预警、预报等方面还存在很多不足，需加强对灾害发生机理、灾害发生过程及灾害影响等方面的综合研究，提高备灾水平、防灾能力，编制应灾预案，增强减灾及救灾能力，增加处理灾害的政府财政预算，弥补资金缺口，做好资金管理和调度工作，各级防洪抗旱部门应相互沟通，加强联系，防患灾害于未然。根据过往陕西省重点灾害多发区，针对性地给予高度关注，加强当地救灾队伍建设和救灾物资储备，进行应灾、救灾演练，切实提高灾害应变能力。

7.9.7　增强各行各业节水、保水和管控水资源的意识

目前，陕西省旱涝灾害的发生在很大程度上来自于人类活动对下垫面的扰动和破坏。水资源不合理利用、浪费现象频发，工业废水、生活污水、农药化肥的使用，使得河流、水渠、农田受到污染。陕北、关中两地在水资源数量方面存在严重不足，尤其是陕北地区。这些地区各行各业在日常生产生活中应当加强对水资源的合理利用和有效保护，提高保水意识，避免对水资源不必要的污染和破坏。针对农业用水浪费严重问题，应加强节水灌溉和科学调水工程建设。对于旱情严重的榆林市、延安市需加强抗旱投入，但也应重视极端暴雨天气对当地的影响；对于洪涝灾害多发的汉中市、安康市应重视防洪工程建设，强化对水的管控力度；关中地区应加强防洪抗旱方面的工作；城市地区应重视雨洪对街道、建筑物的破坏和冲击，加强排水设施的建设。

灾害风险评估及区划是风险分析管理的组成部分，也是一种重要的防灾减灾非工程措施。本节选取致灾因子危险性、孕灾环境脆弱性和承灾体暴露性 3 个影响因子，根据陕西省省情选取指标，采用加权综合评价法构建指标模型，对影响干旱、洪涝灾害的 3 个因子进行了评估，依

据灾害风险指数法,利用 ArcGIS 技术,利用栅格地图代数叠加功能对干旱、洪涝灾害各影响因子进行空间叠加,最终得到陕西省旱涝灾害风险评估区划图。并根据各区县旱涝灾害记录(主要参考旱涝灾害发生较严重地区),对陕西省旱涝灾害风险评估及区划结果进行验证。

7.10 讨论与结论

7.10.1 讨论

(1)影响陕西省旱涝灾害风险的因素很多,目前存在一定困难的是对于指标选择、归类以及定量化方面,而且有些指标数据信息不全甚至难以获取。对于本研究区而言,旱灾是威胁最大的自然灾害类型,其次为洪涝灾害。几乎整个地区都暴露于旱涝威胁中,尤其是旱灾。不同地区受胁迫的程度不同,一方面,由于旱涝危险等级不同,另一方面,受承灾体类型、数量多少和孕灾环境脆弱性的区域差异影响。本研究在指标选择方面重点考虑了农业承灾体,较少兼顾到城市承灾体,这也是在今后工作中需要完善的地方。在旱涝灾害风险评估中所选用的社会属性数据是属于静态分析的结果,不能准确表示经济快速增长下的旱涝灾害风险变化情况,因此需要对研究区的社会经济要素的变化规律和发展趋势作出准确的分析和预测,并在此基础上完成风险区划,其结果可能会更符合实际情况。

(2)近些年,陕西省旱涝灾害致灾因子高危险区年暴雨日数、暴雨频次较高,易导致当地旱涝灾害的发生。据蔡新玲(2012)、任国玉(2005)等对陕西省近 47 年来降水变化特征和近 50 年中国地面气候的研究,表明 20 世纪 90 年代以来,受人类活动影响,陕西地区雨日减少,暴雨日数增加且单次降水强度增强,导致区域旱涝灾害发生概率增大。

(3)孕灾环境对致灾因子强度具有放大和缩小的作用,由于辖区内各地自然环境条件差异性以及受人类活动影响的不一致性,故陕西省旱涝灾害孕灾环境脆弱性空间分布差异较大。高效的备灾、防灾、应灾、减灾及救灾能力对于缓解和减轻旱涝灾害风险、降低孕灾环境脆弱性及减轻灾损具有重要的现实意义。旱涝灾害频发区,居民借助经验能够提前预知灾损程度并有效转移人员和财产以降低损失。陕北地区打坝淤地,修建水库、水窖、水池能够缓解旱情,保障人畜基本饮水。荒坡恢复植被,可以减少地区暴露性,降低脆弱性,减缓最大洪峰流量或推迟洪峰来临时间,在一定程度上能够减少洪涝灾害发生的频次和强度。

(4)陕北地区为雨养农业,关中盆地和陕南河谷地区农业发达,大田作物暴露程度较高,在干旱、暴雨影响下风险性增强,因此农户种植经验与当地水利设施完善程度均影响旱涝灾害对农作物的致灾程度。

(5)影响陕西省中北部干旱的原因主要是年降水量偏少,关中西部和陕南地区洪涝灾害发生的因素复杂,但人地关系失衡是洪涝灾害发生的根本原因。致灾因子对陕西省干旱灾害的贡献率为 42%,对洪涝灾害的贡献程度占到 34%。参照陕西省洪涝历史灾情资料,可知陕南地区与关中盆地洪涝灾害发生频率较高,陕北地区较低,但王志杰等(2012)研究认为,陕北丘陵沟壑区夏秋季节局地特大暴雨引发的洪涝灾害也不容小觑。目前人类社会对于旱涝灾害致灾因子的影响相对较弱,因此降低承灾体暴露性、降低孕灾环境脆弱性应为地方政府及民众在应对旱涝等自然灾害过程中关注的重点。

(6)通过对已有文献的分析,关于陕西省旱涝灾害的研究大部分侧重历史时期该区部分区域干旱、洪涝灾害的分布特征、原因及灾损方面。本节基于县域尺度视角,从自然和社会经济两方面较为综合地考虑了影响陕西省旱涝灾害风险的主要因素,对该区旱涝灾害风险评估及区划进行了研究。区划结果较为精细化,并对其进行了验证,为相关政府部门、保险行业以及农业生产趋利避害、采取防灾减灾措施提供了一定的参考依据。干旱灾害研究结果与刘小艳(2010)对陕西省干旱灾害风险评估结果基本一致,洪涝灾害研究结果与李茜等(2015)对陕西省暴雨灾害风险实时评估结果、徐玉霞(2017)对陕西省洪涝灾害风险评估结果(基于市域尺度)基本符合。由于本节所选的一些参评指标和赋权方法与刘小艳、李茜等的有所不同,所以导致干旱、洪涝灾害高风险区在陕西省局部地区的分布存在一定差异,但总体评估效果较好。由于个别指标数据难以获取及其动态变化特征,在一定程度上会影响风险评估和区划研究的结果。因此,在后续研究中尽量克服其局限性,并尝试以乡镇乃至村落为尺度进行研究,以期研究结果更加细致,更符合实际情况。

7.10.2 研究结论

综合来看,陕西省在干旱灾害方面,中等以上风险区县占陕西省所辖区县的74.53%,榆林市和延安市应为重点关注的区域,关中盆地的旱灾也应该给予足够的重视,陕南地区旱灾灾情偏低。洪涝灾害方面,中等以上风险区县占陕西省所辖区县的61.54%,其中陕南汉江谷地、丹江流域、关中盆地西部和渭南市应为陕西省洪涝灾害防范的重点区域。关中盆地处于旱涝灾害的叠加区域,防灾减灾任务较重。

7.10.2.1 干旱灾害风险评估结论

总体结论:陕西省干旱灾害风险等级呈自北向南逐渐递减的趋势,具体如下:

(1)陕西省干旱灾害致灾因子危险性等级具有自北向南递减趋势,旱灾危险性等级最高的地区是榆林,其次是延安、铜川、西安、渭南、咸阳、杨凌区、宝鸡、商洛、安康和汉中。

(2)旱灾孕灾环境脆弱性等级各区县分布不均。榆林和关中盆地部分区县脆弱性等级较高。低脆弱区和次低脆弱区则涵盖黄龙山、子午岭、秦岭山区所在的部分县域、铜川市所辖区县。

(3)承灾体暴露性高低次序为:榆林北部和关中盆地暴露性程度较高,低暴露区和次低暴露区分布面积最广,包括延安市大部分区县、铜川市所辖区县、关中盆地北部区县和陕南秦巴山区的大部分县域。

(4)陕西省综合干旱灾害风险等级自北向南呈逐渐降低趋势。其中旱灾风险等级最高的地区是榆林,由高到低依次为延安、铜川、宝鸡、渭南、西安、咸阳、杨凌区、商洛、安康和汉中。

7.10.2.2 洪涝灾害风险评估结论

总体结论:洪涝灾害风险等级呈自南向北逐渐递增的趋势,具体结论如下:

(1)陕西省洪涝灾害致灾因子危险性等级自北向南呈递增趋势,高危险区和次高危险区分布在陕南地区和关中盆地西部。

(2)孕灾环境脆弱性空间分布差异较大,高脆弱区和次高脆弱区集中分布在陕北子午岭、黄龙山、秦岭西部所在的区县。

(3)承灾体暴露性各区县分布不均,大部分市区、工矿区和农业发达地区暴露程度较高。

(4)陕西省洪涝灾害综合风险等级表征为:陕南汉江谷地、丹江流域和关中盆地渭河沿岸区县偏高,其他地区相对偏低。

第8章 甘肃省旱涝灾害风险与影响评估

甘肃省位居东亚季风区，西北干旱区和青藏高原高寒区的交汇处。地处东亚和中亚的分野及亚欧大陆内外流域分水岭两侧，境内黄河穿流而过，是中华民族发祥地之一。全省分布在黄土高原、内蒙古高原与青藏高原交汇地带，分属内陆河、黄河和长江三大流域。地形、地貌复杂多样，山地、高原、平川、河谷、沼泽、永久性积雪和冰川、沙漠、戈壁，类型齐全，交错分布。复杂的地形地貌造就了气候变化异常，决定了甘肃省是一个气象灾害十分频繁的省份。

甘肃具有北亚热带、暖温带、中温带和高寒带等多种气候类型。全省属典型的大陆性气候，除高山阴湿区外，省内大部分地区具有气候干燥，气温年、日较差大，光照充足，雨热同季，水热条件由东南向西北递减等主要气候特征。此外，气候的地域差异也很大，兼有亚热带湿润气候区、暖温带半湿润区、冷温带半湿润和半干旱气候区、干旱气候区、高寒气候区等多种气候类型区，而且山区垂直气候显著；同时，气候的不利因素也很多，主要有干旱、冰雹、暴雨、风沙、霜冻、干热风等气象灾害。此外，因气象原因引发的地质灾害（滑坡泥石流）和病虫害也频繁出现。据统计，甘肃省气象灾害造成的经济损失占自然灾害的比重达88.5%，高出全国平均状况17.5%；气象灾害损失占甘肃省GDP的3%～5%，21世纪平均为3%，大约是全国的3倍。

8.1 干旱

干旱主要包括：干旱气候、气象干旱（以下简称干旱）和干旱灾害等。干旱气候是一种长期稳定的气候特征，是一种水资源长期相对亏缺的自然现象，通常指淡水资源总量少，不足以满足人的生存和经济发展的气候现象；气象干旱是指在某一时段内，由于蒸发量和降水量的收支不平衡，水分支出大于水分收入而造成的水分短缺现象；根据我国《干旱灾害等级标准》（SL 663－2014），干旱灾害是指某一时段内的降水量比常年平均降水量显著偏少，导致某一地区的经济活动（尤其是农业生产）和人类生活受到较大危害的现象。干旱灾害除危害农作物生长、造成作物减产外，还对城市供水、生态环境保护等造成危害，严重影响工业生产及其他社会经济活动。

8.1.1 干旱成因

(1)地理环境。从自然环境背景看，甘肃省地处欧亚大陆的中东部，深居内陆，距海洋遥远，海洋暖湿空气不易到达，空中水汽不足。全省地处高原，大部分地方海拔在1000 m以上，太阳辐射强，全年太阳总辐射在4800～6400 MJ/m²，比我国东部同纬度地区高。此外，从3月开始太阳辐射量急剧增加，导致气温迅速增高，而同期降水却增加不多。由于湿度小、辐射平衡主要用于湍流热交换，地表增温迅速，加速了土壤水分蒸发，使土壤变干。

(2)高原热动力。青藏高原大地形的存在是甘肃干旱气候形成的机制之一。夏季，在热力作用下，青藏高原上空为上升运动，与之相联系的是在高原外围有补偿的下沉气流，正是这种下沉气流造成了青藏高原外围的少雨带。甘肃省正好位于气流下沉区，加上西风气流经高原时机械扰流的动力作用，在甘肃中部底层流场出现辐散，加强了气流的下沉运动。显而易见，青藏高原大地形在动力、热力、侧边界条件、下垫面摩擦及绕流等方面对大气运动产生影响，从而在甘肃干旱气候形成上扮演了重要角色。

(3)环流系统。从干旱发生环流特征看，造成甘肃省春末初夏旱的环流形势，主要是亚洲中高纬度上空为“一槽一脊”，中纬度朝鲜半岛到渤海湾的槽偏深，中亚到新疆脊偏强，甘肃省在高压脊控制之下，缺少暖湿气流，又无冷空气影响，不利于降水，致使干旱发生。盛夏副热带高压脊线偏北(30°N)而且稳定少动，暖空气势力过强，冷空气势力弱，甘肃河东地区在副热带高压控制之下，是导致伏旱的直接原因。

(4) 植被因素。在干燥地区与湿润地区，裸露地表与有植被覆盖的地表，其太阳辐射平衡各分量的分配状况和变化特征不同。植被覆盖度对干旱气候的影响是通过影响下垫面的反射率、改变地面粗糙度系统和土壤湿度而显现出来的。数值实验结果表明：有植被覆盖的条件下，进入大气的水汽总量显著增加；植被覆盖引入模式后，大气大尺度上升运动增强，小尺度对流活动在大多数的场合也增强了。

当然，植被覆盖度的改变对区域气候影响是一个涉及多学科的复杂问题，目前远远没有完全解决。虽然关于植被覆盖度影响甘肃省干旱气候的具体物理过程，以及客观的影响程度有多大目前还不清楚，但比较一致的意见是，大范围植被覆盖度的变化对区域性干旱气候是有一定的影响力的。

8.1.2　干旱时空分布

甘肃省各地降水量时空分布不均，年降水量 300 mm 以下地区占全省总面积的 58%。干旱按出现时间划分，主要有春旱(3—4 月)、春末夏初旱(5—6 月)、伏旱(7—8 月)和秋旱(9—10 月)。

全省春旱发生频率在 20%～80%，河西走廊为 40%～80%，平均 2 年一遇；陇中北部和陇东东北部为 40%，平均 2 年多一遇；陇中南部、陇东南部、甘南高原大部和陇南北部为 30%，平均 3 年一遇；甘南高原西南部和陇南南部为 20%，平均 5 年一遇。

全省春末夏初旱发生频率在 10%～70%，河西走廊频率为 40%～70%，平均 2 年一遇，是发生频率最高地区。陇中北部和陇东北部为 40%，平均 2 年多一遇，是发生频率次高发区；陇中南部、陇东南部、甘南高原大部和陇南为 20%～30%，平均 3～5 年一遇；甘南高原中部频率为 10%，平均 10 年一遇，是发生频率最小地区。

全省伏旱发生频率在 10%～60%，河西走廊为 30%～50%，平均 2～5 年一遇，是发生频率最高地区。陇中北部、陇东和陇南大部为 30%～40%，平均 3 年多一遇，是发生频率次高区；陇中南部和甘南高原为 20%～30%，平均 3～5 年一遇，是发生频率最小地区。

全省秋旱发生频率在 20%～70%，河西走廊为 30%～70%，平均 2～3 年一遇，是发生频率最高地区。陇中北部、陇东为 30%～40%，平均 2 年多一遇，是发生频率次高区；陇中南部、甘南高原大部和陇南北部为 30%，平均 3 年一遇；甘南高原西南部和陇南南部为 20%，平均 5

年一遇，是发生频率最小地区。

8.1.3　干旱灾害风险区划

（1）春末夏初旱。根据干旱灾害风险等级区划，张掖、武威、兰州、临夏、定西、天水、平凉、庆阳等市大部分地方，及陇南市局部地方是甘肃省春末夏初干旱出现高风险区。甘南州、肃南、肃北等地春末夏初干旱灾害风险相对较低（图 8.1，左）。

（2）伏旱。全省以酒泉市西部伏旱灾害风险相对较高。祁连山中部、甘南大部、临夏南部、定西南部、天水中部、平凉大部、庆阳南部、陇南中西部伏旱灾害风险相对较低（图 8.1，右）。

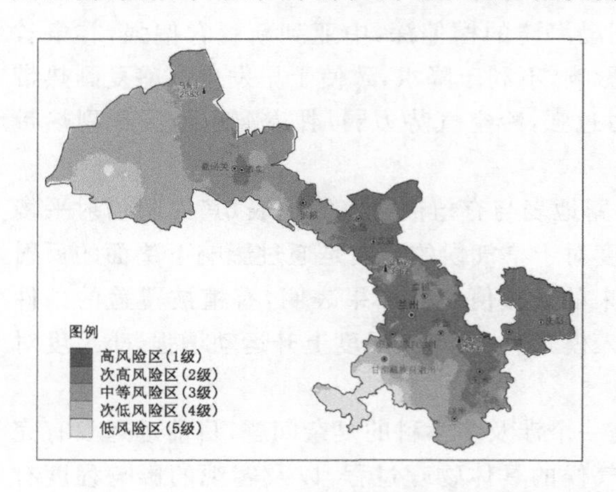

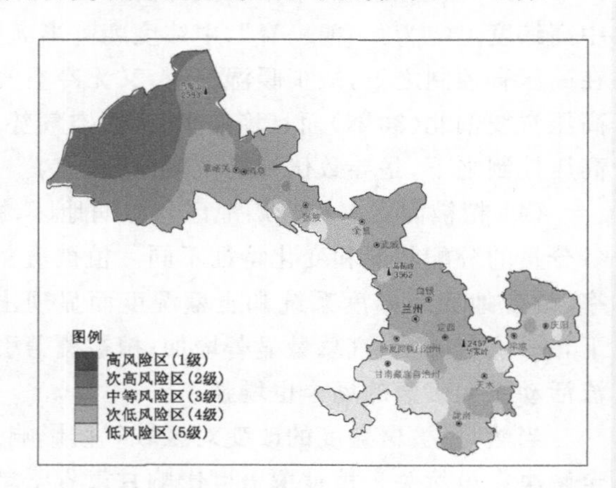

图 8.1　甘肃省春末夏初干旱（左）、伏旱灾害风险区划（右）图

8.1.4　干旱影响评估

甘肃水资源缺乏，自产水多年平均总流量 299×10^8 m^3，人均自产水量 1500 m^3，居全国第 22 位。大部分地区属于干旱、半干旱区。水资源的贫乏与全省的经济社会发展需求不相适应，水资源是长期制约甘肃经济社会发展的重要因素之一。据史料记载统计，自公元前 206 年至公元 1949 年的 2155 年间，甘肃省各地发生不同范围、不同程度的旱灾有 749 次，平均每 3 年 1 次，较重的旱灾 164 次，约 13 年 1 次，特大旱灾 10 次（1438—1949 年），约 50 年 1 次。翻开史书可以看到，由于旱灾而造成的“颗粒无收”“饿殍遍野”“人相食”的景象比比皆是，给人民带来了深重的灾难，对甘肃省的经济、文化造成了深远的影响。

自 1949—2000 年，平均每年有 62 万 hm^2 农田遭受干旱灾害，占播种面积的 13%，平均每年减产粮食 3.7×10^8 kg，占粮食总产的 9.1%。按照干旱等级评定，无旱 10 次，发生频率为 20%；轻旱以上旱灾 28 次，平均 2 年 1 次；重旱以上旱灾 13 次，平均 4 年 1 次。黄河、长江、内陆河 3 个流域相比，流域受旱面积占甘肃省受旱面积的比值分别为 79%、12%、9%，流域粮食减产占甘肃省粮食减产的比值分别为 72%、12%、6%。以轻旱以上旱灾而言，黄河流域三年二旱、长江流域和内陆河流域两年一旱。以重旱以上旱灾而言，黄河流域三年一重旱，长江流域六年一重旱，内陆河流域没有发生重旱。甘肃省累计受旱面积占各种气象灾害总面积 56%，是影响甘肃经济建设的主要气象灾害。在甘肃全省耕地中，雨养农业仍占主要成分，全省旱地面积 241×10^4 hm^2，占总耕种面积的 73%。旱区人口 2015 万人，占全省人口的 80%。

旱地单产为 157 kg，仅为水地单产的 48%，遇到旱年，只有几十公斤，甚至绝收。因此，这块广阔的土地，80%的人民仍然是靠天吃饭，抵御干旱的能力很低，干旱严重威胁和制约着农业生产和国民经济的发展。

8.1.5　抗旱减灾对策

(1)建立干旱预报服务制度，完善抗旱指挥系统。加强预测预报业务现代化建设，不断提高干旱预报预警水平，准确分析旱情发展趋势，为政府领导决策提供可靠依据，变被动抗旱为主动防旱。

抗旱指挥系统工程包括旱情信息采集、通信、计算机网络、决策支持 4 个部分。抗旱指挥系统采用最现代科技通信手段尽快地将各地旱情收集起来，通过建立计算机数据库，及时分析旱情发展趋势，采用人机交互手段作出正确抗旱决策措施决定，并及时下达到所辖各地。

(2)兴修水利工程。加强水利骨干工程建设，这是抗旱主力军。近期完成的引大入秦工程、盐环引黄工程、东乡南阳渠引水工程等，正在建设疏勒河流域综合开发工程和引洮工程。这些工程全部建成后，将增加 $13\times10^4\sim20\times10^4$ hm^2 水浇地。

切实搞好小型水利工程建设。主要指小机井、小塘坝等五小工程，以及雨水集流工程。这些工程投资小，见效快，便于管理，适宜于干旱山区，如 1997 年仅雨水集蓄工程，就灌溉农作物超过 5 万多 hm^2，相当于两个大型灌区。

(3)发展灌溉与节水农业。灌溉是抗旱最主要措施。有了水利工程只能说是为灌溉农业奠定了良好基础，要达到预期抗旱增产效益，还须努力做好以下工作：

加强水利工程管理，多蓄水。必须开展水库优化调度，在保证水库安全度汛的情况下，尽量多蓄水。发展节水农业，提高水利用率，有计划地扩大灌溉面积。除抓好常规节水、改大水漫灌为小畦灌溉外，还要有计划地扩大管道灌溉、喷灌、滴灌、渗灌，搞好科学灌溉，以及水资源统一管理和统一调度。

(4)积极推广旱作农业抗旱技术。搞好“三田”建设。大修水平梯田，改山坡地为水平梯田，造坝淤沟平地，改良沙田，可保水保土保肥，遏制水土流失，变山区为塬台地，增加高效农田，是山旱地稳产高产一项有效措施。

实施集雨节灌农业。倡导“121”集雨节灌工程，在半干旱半湿润地区利用田间坡面、路面等集蓄雨水，每户确保 1 个面积为 $100\sim200$ m^2 的雨水集流场，配套修建 2 个蓄水窖，富集雨水 $50\sim100$ m^3，在解决人畜饮水困难的同时，发展 666.7 m^2(1 亩地)节灌面积的庭院经济或保收田。从 1997 年开始实施这一工程，效果非常明显。

大力推广覆膜节灌技术。覆膜种植再配合点浇点灌，效果更加明显。目前全省大力推广全膜双垄沟播技术、农田膜下滴灌技术、垄膜沟灌技术等，有增温保墒节水的作用，增产在 20%～50%，效果非常突出，深受农民朋友的欢迎。

实施人工增雨(雪)。人工增雨是充分利用有利天气形势，使用飞机或高炮进行增雨活动，可增加降雨量，对大面积抗旱较为有效。2010 年以来在祁连山实施人工增雨(雪)，取得了明显效果，使石羊河流域重点生态治理工程达标。

开展传统抗旱技术。传统抗旱技术主要是精耕细作，培养地力，将优耕、中耕、多施农家肥、除草、耙耱镇压、间作套种、带状种植、倒茬轮作、白地轮歇、深翻土地等措施与改良品种、调整作物种植比例有机结合起来。

(5)调整农业生产结构。全面优化农业生产结构,有步骤地发展畜牧业和各类农产品加工业,加大转化增值规模;有计划、分步骤地退耕还林、还草、还湖,恢复生态良性循环;加快农村小城镇建设进程,发展乡镇企业,降低农村农业人口比重;积极组织农村富余劳力劳务输出,增加农民经济收入,对一些不宜居住的乡镇应组织迁移,尽快脱贫致富。

(6) 实施生态建设工程。实施天然林资源保护工程,落实国家对天然林禁伐地区、停伐企业和被关闭的小型木材加工企业的各项扶持政策。实施封山育林、退耕还林工程建设。加大封山育林、飞播造林、人工造林力度,加快荒山绿化。有计划、分步骤地退耕还林、还草、种树、种草。对荒漠、戈壁、石山有计划地逐步进行治理,推进防沙治沙和防护林体系建设,控制土地荒漠化扩大趋势。尽力扩大绿色覆盖面积,从根本上增强抗御水旱灾害的能力。

8.2 暴雨洪涝

暴雨与洪涝也是甘肃省主要气象灾害之一。甘肃省虽地处西北干旱、半干旱地区,但是地面植被差,地形陡峭,小范围暴雨洪水发生频率高、强度大、时间集中、防御困难、灾害严重。甘肃省历史上水灾频频发生,淹没城镇村庄,冲毁房屋,淹毙人畜,毁坏庄稼。民国的 39 年间,发生水灾 28 次,平均 1.4 年 1 次。新中国成立后,1950—2000 年全省遭受水灾面积 266 万 hm^2,占各种自然灾害受灾总面积的 6%,年均受灾面积 $5\times10^4 hm^2$。1984 年为 $32\times10^4 hm^2$,为新中国成立以来之最。据不完全统计,新中国成立至 2000 年间总受灾人口 8734 万人次,倒塌房屋 70 多万间,直接经济损失 63 亿多元。甘肃省洪水量级与国内外记录相比较,可以明显看到一个重要特点,即 600 km^2 以下小面积流域最大洪峰流量可以达到国内外最高记录水平,如塌米沟“79 · 8”洪水、化马“76 · 6”洪水、天局“85 · 8”洪水的峰值都达到或接近相应历时世界最高记录,1 km^2 流量高达 160 m^3/s。可见,甘肃省小面积洪水量级之大是十分惊人的,也是省内小面积洪水多而重的原因。

8.2.1 暴雨日数

(1)年暴雨日数。甘肃省年暴雨(≥50 mm)日数与我国东部及南方地区相比明显偏少。全省暴雨主要出现在河东地区,年暴雨日数分布趋势大致自西北向东南逐渐增加,山区多于平地,南部和东部山区多于中部和西部山区,迎风面多于背风面。

暴雨主要出现在河东地区,共计有 48 县(区)出现暴雨。1981—2010 年各地暴雨总日数变化范围在 3~39 d。陇中、陇南北部和甘南高原少数地方为 3~19 d,暴雨最少;陇东为 12~27 d,是暴雨较多地方;陇南北部为 24~39 d,是全省暴雨最多地方。

(2)大暴雨空间分布。日降雨量≥100 mm 的大暴雨,主要分布在临夏、兰州市的永登、平凉市、庆阳市、天水市麦积和陇南市的部分县(区),日降水量在 100~194 mm,其中崇信、西峰、康县、徽县等地出现过 2 次大暴雨。

1981—1989 年有 6 个县的局部地方出现大暴雨,为 101~131 mm;1990—1999 年有 8 个县的局部地方出现 101~167 mm 大暴雨;2000—2009 年有 11 个县的局部地方出现 101~162 mm 大暴雨;2010 年有 4 个县的局部地方出现 135~184 mm 大暴雨,大暴雨范围和强度有明显扩大和增加趋势。

(3) 暴雨年变化。甘肃省各地暴雨总日数年变化基本上呈双峰型,各地暴雨出现在 4—9

月。即5月以后迅速增多，峰值大多数地方出现在7月，少数地方出现在8月，8月以后迅速减少。

1981—2010年，甘肃省暴雨最早出现在2003年4月1日(庆阳市)；最晚结束于2002年10月18日(天水市武山县)。日降水量最大的站是泾川县，为184.2 mm(2010年7月23日)，日降水量最小的站是宁县，为100.7 mm(1992年8月12日)。

8.2.2　暴雨成因

暴雨形成是不同尺度天气系统相互作用的结果。采用聚类分析法，对甘肃省2000—2010年17次区域性暴雨天气过程分析表明，出现次数最多的为副高西北侧西南气流型(9次)、低涡型(2次)、东高西低型(1次)，其他局地突发性暴雨为5次。

(1)副高西北侧西南气流型。副高西北侧西南气流型暴雨是甘肃省出现最多的一种暴雨类型。其主要影响系统：在500 hPa天气图上，副热带高压西脊点到达112°E，脊线达27°～30°N，西风槽或高原槽位于90°N以东；700 hPa存在明显的切变线或低涡；地面存在冷锋或辐合线。

主要环流特征：500 hPa副高西脊点为112°E，副高西北侧是一支宽广的西南气流，携带暖湿气流从高原东部一直到达西北地区东部。西风槽或高原低槽移到90°E以东，低槽在东移过程中与西南暖湿气流交绥，造成西北地区东部区域性暴雨天气。700 hPa也有一支西南气流沿副高西北侧向西北区东部输送暖湿气流。甘肃河东地区有明显的切变线或低涡形成，暴雨产生在切变线附近。地面图上有冷锋、切变线或倒槽缓慢东移影响河东。此时，河东，尤其陇东南出现区域性暴雨。暴雨区多位于500 hPa副高西北侧与高原槽之间的西南气流(584～588线)与700 hPa切变线附近。在分析2005年6月底至7月初西北地区东部一次副高西北侧西南气流型暴雨过程后得出：这次暴雨是α中尺度和β中尺度对流云团引发的强对流性降水。区域性暴雨出现在冷锋云带与对流云团叠加区，这里降水效率高。强雨区大多位于对流云团西北或东北部与冷锋云带结合处。

(2)低涡型。由于强烈的动力和热力作用，青藏高原是北半球同纬度地区气压系统出现最频繁地区。造成灾害性天气的高原低值系统主要有高原500 hPa低涡(简称高原低涡)、西南涡、高原切变线和高原低槽等。高原低涡是夏半年发生在高原主体上的一种α中尺度低压涡旋，垂直厚度一般在400 hPa以下，平均水平尺度400～500 km，多数为暖性结构(尤其是初期)，生命史1～3 d。通过涡度收支等物理量计算表明，垂直输送项和水平辐合辐散项对两次高原低涡发展增强都起主要作用，在低涡不同发展阶段，二者贡献各有不同；在低涡消亡阶段，水平平流项贡献增大。低涡型暴雨出现次数较少。其主要影响系统是500 hPa和700 hPa天气图上，在西北区东部有一个深厚的低涡，地面存在明显切变线。主要环流特征：西北区东部500 hPa有一个深厚低涡，闭合线为5840 gpm，且低涡维持较长时间，风场上也是强烈辐合；对应700 hPa天气图上，在河东也是一个低涡。暴雨区出现在500 hPa低涡靠近西南风和东南风的辐合区域。

(3)东高西低型。东高西低型暴雨出现次数较少。其主要影响系统分布特征是：500 hPa低槽位于90°E附近，脊线位于115°E附近，西北区东部位于槽前脊后的西南气流中；700 hPa在河东有一个低涡；地面对应有切变线东移。这类暴雨产生在700 hPa风场辐合区靠近西南风和东南风的区域。与副高西北侧西南气流型暴雨不同，甘肃省中部的暴雨往往是在这种环流形势下产生的。

(4)洪水发生背景。甘肃省虽地处西北干旱、半干旱地区,水灾发生的频率、范围、灾害损失不如我国东部和南部,但是,地面植被差、地形陡峭、小范围暴雨洪水发生频率高、强度大、时间集中、灾害严重、防御难。同时,防洪基础设施薄弱,尤其是水库等设施病险问题突出,抵御洪水能力较弱,加大了洪水危害问题。产生洪涝的因素是多方面的,主要有:

1)小范围暴雨引发山洪较多。甘肃省降水量十分集中,6—9 月是全省大暴雨高发期,尤其 7 月和 8 月大暴雨发生的频次高。暴雨范围小、强度大,加之小流域多,沟道坡陡,极易形成山洪。

2)河道防洪标准偏低。全省重点设防河段需修堤防总计长 5032.6 km,已建成防洪堤工程的堤防长 1561.4 km,大部为防御 10 年一遇的洪水标准,河道防洪能力仍很低。

8.3　暴雨灾害风险区划

甘肃省暴雨灾害风险大致呈从东南向西北递减的趋势。高风险区域分布在陇南、天水、平凉、庆阳四市及甘南、临夏、定西交界地区。以兰州、白银为代表的中部地区由于经济条件相对较好,抗风险能力较强,为中等风险区。低风险区和次低风险区主要分布在甘肃河西走廊一带(图 8.2)。

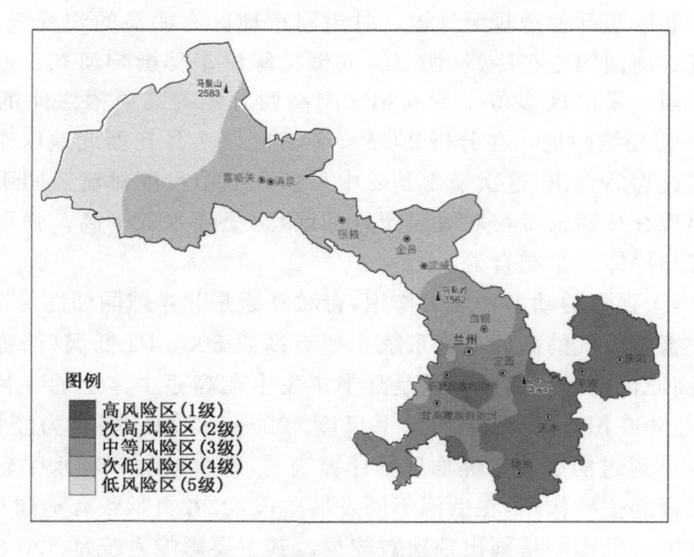

图 8.2　甘肃省暴雨灾害风险区划图

8.4　暴雨洪涝灾害事件与影响

8.4.1　近 500 年洪涝灾害事件

明代以来发生的 131 次水灾,黄河流域 91 次,平均约 6 年 1 次,占全省水灾次数的 69%;长江流域 25 次,平均近 20 年 1 次,占全省水灾次数的 19%;内陆河流域 15 次,平均近 40 年 1

次，占全省水灾次数的 11%。水灾最多的是黄河上游、泾渭河流域和白龙江。黄河上游出现 21 次，其中特大水灾 5 次；白龙江武都段出现 14 次，其中特大水灾 2 次。1900—1949 年 50 年中的水灾发生次数，全省为 72 次，平均每年 1.4 次，其中黄河流域 39 次，平均 1.3 年 1 次，长江流域 19 次，平均 2.6 年 1 次，内陆河流域 14 次，平均 3.6 年 1 次。

明代大水事件有：1527 年 6 月，平凉县洨谷水暴涨，溺居民以万数；1534 年 5 月，庆阳县、正宁县、宁县大水；1535 年 6 月，临夏大雨洪水；1549 年 7 月 3 日，庆阳县大水；1613 年 7 月，泾水暴溢，高数十丈；1627 年，武山县大水。

清代大水事件有：1663 年 7 月，武都大雨弥月；1730 年 6 月 10 日夜，甘谷县沙沟暴水决堤；1740 年 5 月 25 日夜，蒙水涨，漂没天水房肆；1752 年，镇原县大水；1777 年 6 月 19 日夜，敦煌山水骤发；1808 年闰 5 月 24 日，暴雨凡三日，黄河水涨；1841 年秋，泾河、马莲河俱暴涨，泾水阔三里余；1904 年 7 月，黄河上游大水灾。

民国大水事件有：1912 年 4 月，天水县罗玉沟，山洪暴涨；1923 年，成县洪水成灾；1927 年 5 月 18 日，武威杂大等两渠冲裂，造成重大灾难；1933 年 6 月，泾、渭河大水灾。

8.4.2　1949 年以来主要洪水灾害

洪水灾害是甘肃省主要自然灾害之一，分暴雨洪水、泥石流、冰凌洪水、融雪雨雪混合型洪水等灾害类型，以暴雨洪水灾害为主。暴雨洪水灾害又分短历时局地性暴雨洪水灾害、中等历时暴雨洪水灾害、长历时大范围洪水灾害三种类型。局地暴雨洪水灾害分布范围广，笼罩面积小，暴雨历时短、强度大、发生机会多、破坏力强、灾害重。区域性暴雨洪水持续时间一般 3～15 d，笼罩面积可达几万平方千米以上，使几个流域同时发生大洪水灾害。长历时大洪水灾害，由大片地区连续多次暴雨组合产生的洪水，降雨持续时间可以长达 1～2 月，具有雨区范围大、分布均匀，洪水过程长、造成的灾害严重等特点。

水灾发生季节：6—9 月为高发期，85%～95%水灾发生在这一期间，其中 70%水灾发生在 7 月和 8 月，以 7 月下旬出现频次最高，14 条主要江河超定量洪水频次最高峰，有 12 条发生在 7 月下旬，2 条发生在 7 月下旬前后，历年最大洪峰流量有 9 条河流发生在 7 月下旬。

暴雨是甘肃省不可忽视的自然灾害，新中国成立以来，暴雨危害较重的年份有 1959 年、1964 年、1967 年、1973 年、1976 年、1977 年、1979 年、1981 年、1983 年、1984 年、1985 年、1988 年、1989 年、1992 年、2013 年和 2018 年。区域性大洪水灾害有 1977 年 7 月的泾河洪水、1979 年 7 月的党河洪水、1981 年 8 月的嘉陵江上游洪水、1981 年 9 月的黄河上游洪水、1984 年 8 月的白龙江洪水、1987 年 6 月的金昌洪水，2013 年 7 月的嘉陵江上游洪水，均造成了严重的经济损失和人身伤亡。

第9章　宝鸡市旱涝灾害致贫风险评估及区划

9.1　前言

21世纪全球经济处于快速发展阶段，许多国家和地区人民生活水平得到质的提升，但还是有部分国家和地区经济增长迟缓甚至出现经济下滑。除去局部冲突、战争、政权不稳定等人为因素，导致该现状的主要原因还是自然灾害因素，因自然灾害而导致贫困所带来的直接经济损失，以及因自然灾害使人民生计难以为继而引发的社会不安定等消极影响所带来的间接经济损失。此外，解决全球范围内的极端贫困问题与因缺乏食物而引发的饥饿问题被确立为联合国“千年发展”计划中的首要目标（Hansen et al.，1987；Blaikei et al.，1994），世界范围的贫困问题愈显严峻。

中国拥有着地球上1/5人口，是世界上最大的发展中国家，国民经济总量高，位列世界各国国内生产总值（GDP）排名的第二位。但同时人均经济水平低，属于世界中等水平，在经济发展的道路上还有许多路要走。国内经济发展分布不平衡，总体表现为东、南部地区经济增长快于西、北部地区，其中一些地区因自然地理位置的局限性，自然灾害的频发，导致经济增长缓慢，人民生活水平未得以显著提升。我国是全球范围内受气象灾害负面影响最大的国家之一，受季风气候和海陆位置的影响，旱涝灾害对国内大部分地区影响范围广泛，制约着我国国民经济的可持续发展（杜继稳 等，2008；张宏平 等，1998）。自然灾害也会带来一定基数的贫困或返贫人口，不利于我国2020年全面建成小康这一社会战略目标的实施，不益于扶贫减贫工作有效和顺利的开展，阻碍共同富裕的实现。

我国现阶段贫困人口基数还较为庞大，在国家和政府的精准扶贫政策下，虽然贫困人口数正在急剧缩减，但因各种因素导致脱贫后返贫的问题仍是我国脱贫攻坚战的一大阻碍。在诸多的致贫因素中，气象灾害是一主要因素，因它而引发的贫困和返贫问题仍为突出，不同地区导致贫困和返贫问题的气象灾害各不相同，但就灾害的波及范围及力度而言，洪涝和干旱灾害对人民收入的影响在各种气象灾害中居于前列。中国幅员辽阔，所跨越气候带类型广阔，地形复杂多样，使我国成为世界上旱涝灾害多发的国家之一（裴琳 等，2015），陕西省位于中国内陆腹地地区，全省由北至南主要分为三大地貌区，各地区气候差异较为显著。北部陕北黄土高原年降水量少，极易发生干旱灾害；南部陕南秦巴山地海拔差异大，年降水量多，极易发生洪涝灾害；中部关中平原位于陕北和陕南的过渡地区，是旱涝灾害发生较为频繁和剧烈的地区。宝鸡市位于关中平原西部，是关中平原上的气象灾害频发区，全市境内降水分布不均匀且大多集中在夏季，旱涝灾害是地区内最为主要的气象灾害。宝鸡市横跨六盘山区和秦巴山区连片特困地区,因宝鸡市地处独特的地理环境使得其在生态环境对气象灾害的响应上较为强烈,干旱和洪涝灾害对宝鸡市内农作物、牲畜、基础设施、人民生命和财产安全均有颇深的影响,同时干旱及洪涝灾害的时常发生对境内人民群众的生产生活也造成了不便(马定国 等,2007;张晓,2000),这样不利于地区内政府对于扶贫工作的顺利开展。

旱涝灾害致贫风险评估及区划能够很好地反映一个地区因干旱、洪涝灾害导致贫困的风险等级和抗击干旱及洪涝灾害致贫的综合能力,可以有效实时监控区域内因干旱、洪涝而引发贫困的风险等级变化,从而可对高风险地区加大治理力度和政策支持,确保为减贫、防治贫困和返贫工作的开展提供助力。

宝鸡市是六盘山区和秦巴山区连片特困地区中的典型地区。2016年,宝鸡市拥有贫困人口184 530人,因灾致贫人口1790人,截至2019年初,宝鸡市共有贫困人口39 869人,因灾致贫人口尚约有300人,可见宝鸡市扶贫工作已成果显著,但脱贫攻坚战还任重道远,其中因灾致贫人口数仍属较多。在宝鸡市贫困人口主要致贫原因中,因缺土地、缺水以及因残、因病和因学致贫都是可通过人为帮扶来解决的,唯独因灾致贫中的气象灾害因素是人为难以干预的,在我国实现全面小康社会、积极开展脱贫攻坚战和扶贫减贫的重要节点上,对于干旱、洪涝灾害致贫风险评估及区划已愈显重要(胡鞍钢,2009;许吟隆,2009;张倩 等,2014;曹志杰 等,2016)。

为了有效治理因干旱、洪涝灾害导致的贫困和返贫问题,达到扶贫工作有效实施的目的,本研究以旱涝灾害频发地区宝鸡市作为研究对象,以旱涝灾害致贫风险作为研究内容,在ArcGIS的基础上实现对宝鸡市旱涝灾害致贫风险的评估及区划,旨在为当地防灾减灾、扶贫减贫等工作的政策制定提供参考,对维护人民群众财产安全、防治区域灾害以及减轻灾害所带来的社会经济损失、提高社会效益和经济效益以及维护社会稳定等具有一定的现实意义。

9.2 国内外研究概况分析

国内外学者对于灾害危险性的评估研究,大多将其放在灾害风险性上,从危险性、暴露性、脆弱性方面进行综合研究。国外自20世纪中叶起,对灾害风险评估研究内容、类型划分和分析方法等方面均进行了精细化研究(Ashok et al.,2010;Eleni et al.,2011; Billa et al.,2006),为后续开展灾害风险评估的相关研究奠定了一定基础。Santos(1993)将易损性、恢复力等加入到干旱承灾体的研究中;Williaim 等(1993)对承灾体的脆弱性进行了分析,发现弱化灾害风险的关键在于减少承灾体的脆弱性和暴露性,并通过建设防灾减灾基础设施以及制定积极的防治灾害政策来增强承灾体的防灾减灾能力;Tagel 等(2011)利用埃塞俄比亚北部高原的遥感影像及气象数据,对研究区干旱变化特征进行了综合分析;Blaikei(1994)认为灾害是由承灾体脆弱性和致灾因子的危险性二者共同作用形成的;Islam 等(2016)对亚洲洪涝灾害风险管理机制进行了研究,对国家减少灾害所带来的经济损失、处理灾害风险和提升应对灾害的防灾减灾能力带来了一定的帮助;Petak 等(1982)基于对美国长时间序列下气象灾害资料的分析,以概率形式得出灾害风险评估。

国外对于因灾致贫的相关研究较少,国内主要注重对因灾致贫的定性分析,且大多数研究是以最传统方式从地理角度出发进行分析的。吴登靠(2004)和王齐彦(2009)提出贫困处境论,认为经济条件差和贫困率发生高的地区往往都具备气象灾害频发、高山地形和交通不便等特点，且地区防灾减灾能力较低，气象灾害发生时，会造成生活水平下降和经济收入大幅度减少等不良后果。因国家最低保障体系的低保标准问题和覆盖范围，经济条件差和贫困率发生高的地区难以支撑因灾害引发的经济收入损失的问题。此外，灾害造成的贫困大多是区域性的，会使一个地区的社会经济生活在整体上受到强烈的打击，同时使减贫工作也难以开展。Robert 等(2007)通过对农业生产条件与气候条件的关联程度进行分析，进而研究了气候变化对巴西和美国乡村居民人均收入的影响，发现全球变暖可能会进一步加深农业从业人员的贫困程度。Fothergill 等(2004)基于对美国 20 多年灾害资料的搜集和整理，归纳出灾害的 8 个阶段。通过调查各经济收入水平的群体是怎样防范气象灾害风险的，分析了不同群体对气象灾害的响应程度，研究发现气象灾害对收入水平低的群体会造成更大的负面影响。Noy (2009)基于统计分析，发现宏观经济在短时间内易受到自然灾害的消极作用，在未来的相关研究中，应将研究重点放在自然灾害对贫困的影响上，这样会使研究更具重要意义。

在灾害风险评估方面，通常分为定性评估和定量分析，国内学者对于灾害风险评估的研究最初侧重于定性分析和气象灾害的自然属性(杨帅英 等，2004；姜逢清 等，2002；任鲁川，2000)，随着灾害学研究内容和研究方法的丰富，气象灾害所引起的社会经济属性日益得到重视(史培军，1996，2002；张继权 等，2004，2005，2006)。国内学者刘航等(2013)、徐玉霞等(2018)和魏建波等(2015)基于防灾减灾能力、致灾因子危险性、承灾体易损性和孕灾环境暴露性构建了干旱和洪涝灾害风险评估模型，利用 ArcGIS 对淮河流域、陕西省和武陵山片区等地区进行了干旱和洪涝灾害风险评估及区划。对于宝鸡市灾害风险的相关研究，万红莲等(2017)利用 GPS 和三维扫描仪等仪器，结合相关气象数据分析，将宝鸡市生态园渭河段洪水灾害进行了分析，对渭河宝鸡市区段洪水灾害风险预测进行了研究。结果表明，洪水灾害已经开始威胁宝鸡市城市安全。曹茹等(2019)利用宝鸡市地理信息基础数据、社会经济资料和降雹资料等，基于承灾体暴露性、致灾因子危险性和承灾体脆弱性，结合 ArcGIS 自然断点法和栅格计算对宝鸡市冰雹风险进行了区划。结果表明，宝鸡市冰雹灾害风险以中、高风险为主，台塬区和北部低山区为易发区。白子怡等(2019)基于 GDP、降水量、人口和植被覆盖度等资料，运用加权综合评价法和熵权法对宝鸡市洪涝灾害风险进行了定量分析。结果表明，宝鸡市洪涝灾害风险中低危险区分布最广，渭河以北洪涝灾害风险较高，渭河以南洪涝灾害风险较低。

近年来，随着国内扶贫工作的不断开展，关于自然灾害对贫困影响的研究已成为热点问题，对此众多学者开展了研究：田宏岭等(2016)通过构建山地灾害危险性评估体系，运用概率比例法对各评估指标进行赋权。而后又从贫困的暴露性和应对能力方面进行加权对贫困脆弱性进行综合评估，最终运用山地灾害致贫风险评价模型对恩施州地区进行了山洪灾害致贫风险研究。根据巩前文等(2007)基于安徽省 59 个县(市)面板数据，通过建立基本计量模型和向后逐步回归法对农村贫困与自然灾害之间的关系进行了定量分析，研究发现农村地区的贫困发生率与气象灾害负作用下的耕地面积占总播种面积的比重之间呈负相关关系。姜江等(2012)在灰色系统理论基础上，对农村地区发生的贫困现象和影响农业灾害脆弱性的各因子之间进行了相关性分析，研究发现在影响农业灾害脆弱性的各因子中，农业基础设施方面的用电量等因素对宁夏地区贫困的负面作用远低于自然因素所带来的影响。武文斌(2014)通过 AHP 层次分析法、多维贫困理论以及建立灾害风险和贫困的转移关系模型对黔江区的洪涝灾害致贫风险进行了研究，研究发现洪涝灾害风险和贫困多发区之间呈正相关关系，洪涝灾害风险对贫困 3 个维度的影响，在单维和多维贫困角度上分别表现为对收入维度影响最为严重和对收入、福利二维度的影响最严重。谢永刚等(2007)利用 2005 年 6 月黑龙江省沙兰镇特大洪水灾害数据,利用对研究区内农民的卫生、经济、财产等要素受气象灾害影响程度的实证分析,研究发现,洪涝灾害对房屋损失的影响最大,受气象灾害的影响在贫困现象多发的农村地区往往需要较长时间才能恢复到灾前的经济水平,且难以减贫或更易脱贫后返贫。杨浩等(2016)通过建立回归方程模型对特殊类型地区 46 000 余农户的收入和贫困发生率受气象灾害的影响程度进行了分析,研究发现,气象灾害对研究区农户的非农业收入和农业收入均有着负面影响,其中对于贫困户的影响远高于其他人群。杨宇等(2016)通过对华北平原粮食主产区在 2010—2012 年期间遭受严重干旱、洪涝灾害的地区 889 户从事农业生产的家庭进行实地调研,运用经济模型对搜集数据进行分析。研究发现,在遭遇干旱灾害后,低收入家庭相较于高收入家庭,降低了灌溉频次和优化节水技术的可能性以应对干旱灾害所带来的负面影响,其中采用节水技术可能减轻 1/10 的小麦单产损失,每提升 1 次灌溉可能减轻 1/5 的小麦单产损失;在面对极端气候事件时,从事农业生产的低收入家庭产生的单产损失略多于从事农业生产的高收入家庭,且低收入家庭在遭遇灾害时更易导致贫困。

9.3 研究区概况和数据方法

9.3.1 研究区概况

(1)自然环境。宝鸡市(33°35′～35°06′N,106°18′～108°03′E)位于陕西省关中平原的西部,南部、西部和北部分别与川、甘、宁 3 省(区)相接(赵昕,2007)。宝鸡市地貌差异大,以丘陵和山地为主,北、南、西三面环山,境内的太白山(3767 m)是中国东部海拔最高的山峰。平原分布次之,主要集中在渭河平原,境内土壤类型多样化,适合农作物的种植。在气候上属于暖温带季风性气候,一年四季温度差异较大,极端最低气温为－25.5 ℃,极端最高气温为 42.7 ℃,常年平均气温在 13 ℃左右。境内水资源丰富,可供开采的地下水量约为 7.56×10^8 m^3,河流多年平均径流量在 92×10^8 m^3 左右。全年平均降水量在 700 mm,年降水不均匀,90%的降水主要集中在 4－10 月(雷雯 等,2016;徐玉霞,2016),极易发生干旱和洪涝灾害。

(2)社会经济。宝鸡市下辖 3 区 9 县,位于陕、川、宁、甘 4 省(区)省会城市的中心地带,地理位置优越,是我国亚欧大陆桥上主要的大十字枢纽,是关中—天水经济区副中心城市。2018 年,宝鸡市地区人均 GDP 近 6 万元,生产总值为 2265.16 亿元,3 次产业结构比为 7.2∶63.3∶29.5,常住人口 377.1 万。宝鸡市部分辖区分别属于六盘山连片特困地区和秦巴山区连片特困地区,交通闭塞,基础设施水平较低,贫困问题突出,极易发生返贫现象。

9.3.2 数据来源

本章所使用气象数据中的逐日降水、日照和气温等资料均选取于中国气象数据网(http://data.cma.cn/);宝鸡市 DEM 数字高程图和 1∶100 万宝鸡市行政区划图来自于国家国情监测云平台(http://www.dsac.cn/),并通过 GIS 提取坡度等数据;宝鸡市社会经济数据源于 2018 年《宝鸡市统计年鉴》和 2018 年《中国县域统计年鉴》;宝鸡市贫困人口数据出自于宝鸡市扶贫办;干旱、洪涝灾害频次和造成的经济损失数据通过查阅《中国气象灾害大典·陕西卷》和 2016 年《陕西救灾年鉴》获取。

9.3.3 研究方法

(1)干旱、洪涝灾害危险性和贫困脆弱性的定义。国内对于灾害风险评估通常从灾害的危险性、暴露性和脆弱性3个方面进行综合评估(魏建波 等,2015),其表达式为:

$$F=(H+S+V) \tag{9.1}$$

式中,$F(0\leqslant F\leqslant 1)$ 表示灾害风险指数,且 F 距1越近,则其灾害风险越高,反之则越低;H、S、V 分别表示致灾因子危险性、孕灾环境脆弱性、承灾体暴露性。

对于干旱、洪涝灾害危险性的评估体系构建主要以自然因素指标为主,但因不同指标对各地区干旱、洪涝灾害的贡献度不一,需结合研究区实际情况和相关研究,挑选评价指标并确权,建立干旱、洪涝灾害危险性评估体系。

目前对于贫困脆弱性的定义,社会学方面和灾害学方面都未有统一的定论。本研究采用世界银行环境部的定义,将对贫困脆弱性的评价分为贫困暴露性和贫困应对能力两部分。对于贫困脆弱性定义的表达式为:

$$V_P=\frac{\sum A_i}{\sum C_i} \tag{9.2}$$

式中,V_P 为贫困脆弱性;A_i 为贫困暴露性;C_i 为贫困应对能力。依据相关研究和研究区自身特点,分别构建贫困暴露性和贫困应对能力评估体系,最后依据公式(9.2)得到贫困脆弱性指数。

干旱、洪涝灾害的贫困脆弱性是由干旱、洪涝灾害引起贫困脆弱性边缘人员易于形成贫困或返贫问题,通常贫困脆弱性和干旱、洪涝灾害危险性存在持续性关系。

(2)指标归一化。也称统计数据的指数化,因自然灾害风险评估体系内各风险影响因子包含的评估指标较多,且各指标之间的数量级和量纲存在差异,难以直接进行比对,因此,为了方便各个指标之间的等量计算和相互比较,需将各指标详细参数进行归一化处理,使各指标数值在[0,1]区间中。

$$Y_{ij}=\frac{X_{ij}-\min_{(ij)}}{\max_{(ij)}-\min_{(ij)}} \quad \text{式中 } X_{ij} \text{ 为正指标} \tag{9.3}$$

$$Y_{ij}=\frac{\max_{(ij)}-X_{ij}}{\max_{(ij)}-\min_{(ij)}} \quad \text{式中 } X_{ij} \text{ 为负指标} \tag{9.4}$$

(3)AHP层次分析法。AHP层次分析法具有较强的整体性、简洁实用的特点。与决策相关的元素可通过层次分析法分解为准则、方案、目标等层次,然后进行定量和定性分析的系统分析法。通俗来讲,就是将决策分析关联程度较高的元素分解为准则、方案和目标3个层次,然后进行相应的分析决策计算(李树军 等,2012)。层次分析法的长处在于决策方法的简洁性、分析过程的系统性等,但同时因主体在知识和观念上存在一定的差异,使其存在主观性较强这一不足。本章通过运用DPS7.05软件中的层次分析法功能对所选取的各指标进行优选矩阵和分析,最终得到各指标初步计算后的权重。

(4)德尔菲法。也称专家调查法,是向相关领域专家征询意见并对征询结果进行归纳和整理,对各专家的主观判断进行客观性分析,将不易定量化的指标作出符合实际的估算,对结果进行反复的意见征询和调整后,最终确立各指标权重系数的方法。本章基于德尔菲法得到的各指标权重,结合层次分析法的初步结果对各指标所占权重进行调整,最终得到各指标的确切权重值。

(5)加权综合评价法。此法是在学术研究中使用较多的一种评估方法,主要是针对决策及方案等层面进行全方位的评价。依据研究的最初构想及目标,选择各评价指标并对其进行无量纲化及同向化处理,最终构建对应的评价指标体系,根据特定因子受不同指标的差异化影响来确立对应的权重值,最终的综合评价值通过对单项评价值进行计算完成(徐文彬,2014;秦大河 等,2014)。其具体公式如下:

$$C_{vj} = \sum_{i=1}^{m} (Q_{vij} W_{ci}) \tag{9.5}$$

式中,C_{vj} 为综合评价因子的总值;W_{ci} 为指标 i 的权重值($0 \leqslant W_{ci} \leqslant 1$);$m$ 为评价指标的数量;Q_{vij} 为第 j 个因子的指标 i($Q_{vij} \geqslant 0$)。

(6)ArcGIS空间分析。20 世纪中后期以来,随着 ArcGIS 技术的不断发展,因其对地理空间数据的采集、分析和处理等强大功能,受到人们的广泛应用。运用 ArcGIS 进行分析空间数据,可以对地面坡度等数据进行提取,从而实现对图形的快速处理(刘晓梅 等,2009)。在 ArcGIS 的空间技术上运用自然断点法功能可对区划指标分类间隔进行识别,按照相似值进行不同等级的分组,并使不同等级之间的差异表现显著,从而达到不同等级划分的效果。本章基于 ArcGIS 技术,以乡镇一级为空间尺度并建立空间数据库,运用空间插值法对气象数据中个别缺测数据进行插补。对于自然和社会经济数据仅到县区一级的数据,则用县区一级的数据代替所需的乡镇一级的数据,并对底图与属性数据进行关联。运用自然断点法对宝鸡市各乡镇的干旱、洪涝灾害危险性和贫困脆弱性进行等级划分(张刚 等,2013;李晓军,2007;刘小艳,2010),最后通过旱涝灾害致贫风险评估模型和 ArcGIS 技术生成宝鸡市干旱、洪涝灾害致贫风险评估区划图。

(7)旱涝灾害致贫风险评估模型。因灾害导致贫困的发生大多为灾害的危险性直接或间接作用在贫困边缘家庭或人口上,使贫困边缘群体生命财产安全受到损害,从而引发贫困边缘家庭或人口收入降低、生计困难。旱涝灾害的高危险性往往会引起人类群体中贫困脆弱性较高的人群致贫或返贫问题,为了对旱涝灾害致贫风险进行定量分析,根据风险评价的通用公式(Van et al.,2006),旱涝灾害致贫风险由干旱、洪涝灾害的危险性和贫困脆弱性组成,其表达式分别为:

$$R_Q = \sum (H_Q \cdot V_p) \tag{9.6}$$

式中,R_Q 为干旱灾害致贫风险;H_Q 为干旱灾害的危险性;V_p 为贫困脆弱性。

$$R_W = \sum (H_W \cdot V_p) \tag{9.7}$$

式中,R_W 为洪涝灾害致贫风险;H_W 为洪涝灾害的危险性;V_p 为贫困脆弱性。

9.4　宝鸡市旱涝灾害危险性评估及区划

9.4.1　宝鸡市干旱灾害危险性评估指标选取与体系构建

(1)宝鸡市干旱灾害危险性指标选取原则。

本章在参考前人对于干旱灾害危险性评估研究指标选取的基础上(刘航 等,2013;张会等,2005;张俊香 等,2004),结合研究区自身特点对干旱灾害危险性指标进行了选取,最终选取了多年平均气温、多年平均相对湿度、旱灾次数、多年平均日照时数、多年平均降水量和旱灾强度6个评估指标。对于多年平均降水量指标的选取,主要依据地区干旱的形成与降水量的多少有着密不可分的联系,在下垫面水源供给量不变的情况下,降水量越少,则雨水补给越少,而雨水补给作为水循环的重要一环,降水量的减少势必会引发干旱,降水越低则干旱程度越大。对于多年平均气温指标的选取,主要依据年平均气温越高,则蒸发量越大,会加剧下垫面水分的蒸发速度,可能会大大增加干旱灾害发生的概率。对于干旱次数指标的选取,主要依据历史上一个地区干旱灾害发生的频次越多,则代表这个地区发生干旱灾害的可能性就越大。对于年日照时数的选取,主要因为日照时数越长,就意味着下垫面受太阳照射时长越久,随之会引起蒸发量的增加,进而地面缺水使发生干旱的可能性增加。对于旱灾强度指标的选择,主要是考虑了历史时期一个地区发生干旱灾害的强度越高,在未来遭遇干旱灾害时,其发生高强度干旱灾害的概率也往往高于其他地区,增加了干旱灾害的危险性。对于多年平均相对湿度指标的选择,主要是依据相对湿度越高,会极大抑制干旱灾害的发生可能性。相对湿度越高对下垫面农作物会起到保湿的作用,进而削弱干旱灾害可能带来的危害。而相对湿度越低,往往在遭遇干旱时,会加大发生干旱灾害的概率和干旱灾害的危险性。

(2)宝鸡市干旱灾害危险性指标选取。

1)多年平均降水量指标。根据宝鸡市各地区年降水量差异,运用自然断点法将宝鸡市多年平均降水量在空间上的分布划分为[575.2 mm,642.1 mm)、[642.1 mm,687.7 mm)、[687.7 mm,743.8 mm)、[743.8 mm,822.6 mm)和[822.6 mm,939.3 mm) 5个等级。分析可知,宝鸡市南部地区多年平均降水量空间分布极不均匀,宝鸡市南部地区的凤县和太白县地区多年平均降水量最多,在743.8～939.3 mm;中部地区次之,多年平均降水量最少的地区主要集中在宝鸡市的北部地区,降水量介于575.1～687.7 mm。

2)多年平均气温指标。运用自然断点法将宝鸡市各地区多年平均气温分为5个等级,分别为(<0.5 ℃)、[0.5 ℃,3.5 ℃)、[3.5 ℃,6.3 ℃)、[6.3 ℃,9.0 ℃)和[9.0 ℃,12.7 ℃)。分析可知,宝鸡市东北部地区多年平均气温最高,在9.0～12.7 ℃;西北部地区和中部地区次之,西南部地区的多年平均气温较低,东南部的太白县地区受秦岭山脉的影响,多年平均气温最低,在6.3 ℃以下,部分地区常年低于0.5 ℃。宝鸡市的多年平均气温在空间分布上整体呈现为中部地区向南北方向递减。

3)干旱次数指标。通过查阅2016年《陕西救灾年鉴》和《中国气象灾害大典·陕西卷》得到宝鸡市各地区干旱发生次数,运用ArcGIS软件中的自然断点法将宝鸡市干旱次数空间分布划分为5个等级,分别为[50次,51次)、[51次,52次)、[52次,53次)、[53次,54次)和[54次,55次)。分析可知,凤翔县发生干旱次数最高,西北部地区干旱次数较为适中,东北部地区干旱次数最低,宝鸡市各地区干旱次数在空间上表现为西北—东南方向向两边减少。

4)多年平均日照指标。按照各地区多年平均日照时数的空间差异,将宝鸡市多年平均日照时数分为[1825.11 h,1840.50 h)、[1840.50 h,1932.00 h)、[1932.00 h,2007.50 h)、[2007.50 h,2092.70 h)和[2092.70 h,2190.30 h) 5个等级。分析可知,在宝鸡市多年平均日照时数空间分布上,宝鸡市各地区多年平均日照时数差异较大,整体表现为由北向南递减和由东向西递减。麟游县全年日照时数最长,介于2092.70～2190.30 h;西南部地区多年平均日照时数最短,介于1825.11～1840.50 h;其他地区则大多集中在1840.50～2092.70 h。

5)多年平均相对湿度指标。根据自然断点法将宝鸡市多年平均相对湿度按各地区之间的显著差异划分为[66.86%,67.97%)、[67.97%,68.73%)、[68.73%,69.62%)、[69.62%,70.64%)、[70.64%,72.4%)5个等级。分析可知,宝鸡市多年平均相对湿度在空间分布上整体呈由南向北递减,南北多年平均相对湿度相差5.54%。凤县和太白县多年平均相对湿度最高,在70.64%~72.4%;麟游县和千阳县多年平均相对湿度最低,仅为66.86%~67.97%;其他地区多年平均相对湿度较为适中,大多分布在67.97%~70.64%。

6)旱灾强度指标。通过查阅2016年《陕西救灾年鉴》和《中国气象灾害大典·陕西卷》,得到宝鸡市各地区的旱灾强度,为了直观分类和比较,对各地区旱灾强度进行归一化处理,按照各地区旱灾强度的空间差异,运用自然断点法将宝鸡市旱灾强度分为[0.00,0.25)、[0.25,0.50)、[0.50,0.75)和[0.75,1.00)4个等级。分析可知,陇县、扶风县和眉县旱灾强度最高,同时这些地区多年平均降水量也较少,这可能是造成其旱灾强度较高的原因。宝鸡市东北部地区的旱灾强度较次之,宝鸡市市区和宝鸡市南部地区旱灾强度最低,介于0.00~0.25,这可能与这些地区多年平均降水量较多相关。

9.4.2 宝鸡市洪涝灾害危险性评估指标选取与体系构建

(1)宝鸡市洪涝灾害危险性指标选取原则

本章对洪涝灾害致灾因子危险性指标的选取是基于前人的相关研究和宝鸡市自身特点展开的,最终选取了坡度、DEM、洪涝次数、多年平均强降水频次、多年汛期年平均降水量和涝灾强度6个指标。对于DEM指标的选取,主要根据一个地区内的地形结构往往是不同的,也使得不同地形的潜在蒸发量、水分流失速度等存在差异,DEM指数越高,则干旱的风险就越大。对于坡度指标的选取,主要根据坡度代表着地面的陡缓程度,坡度不同,保持水土能力和植被覆盖度等也往往不同;坡度越大,坡面水流速度越快,截留水分的效果就越低,则越容易发生干旱灾害。对于多年平均强降水频次指标的选取,主要根据一段时间内,下垫面遭遇强降水,在排水能力不变的情况下,强降水的频次越多,导致雨水距下垫面深度加深,进而酝酿并引发洪涝灾害。对于洪涝发生频次指标的选取,主要依据洪涝的发生次数多少与洪涝风险发生的可能性关联很大,历史时期洪涝发生频次越多,则意味该地区发生洪涝灾害风险的可能性较其他地区越大。选取多年汛期年降水量指标,是因为宝鸡市属于季风气候的城市,一年的降水量大多集中在它的汛期(5—9月)。在短短数月就要面临一年的4/5的降水量,对下垫面的排水能力和水利设施的泄洪能力要求都极高,当地区内缺乏足够的水利设施时,多年汛期年降水量越多,则越容易发生洪涝灾害。当一个地区多年汛期年降水量越多,则表示当地洪涝灾害发生的可能性就越大,洪涝灾害的危险性也就越高。选取涝灾强度指标,主要是根据一个地区历史时期发生的涝灾强度越高,在未来一段时间内,该地区发生洪涝灾害的可能性和洪涝灾害的强度都大,发生洪涝灾害的危险性则越高。

(2)宝鸡市洪涝灾害危险性指标选取

1)DEM指标。运用ArcGIS软件中的重分类技术将宝鸡市DEM数据划分为(<900 m)、[900 m,1300 m)、[1300 m,1700 m)、[1700 m,2100 m)和(≥2100 m)5个等级。分析可知,宝鸡市最北部地区高程略高于中东部地区,中东部地区高程低于900 m,西北部地区和东南部地区高程最高,大部分地区在1500 m以上,地区内的高程最大差异为≥1200 m。

2)坡度指标。基于ArcGIS软件对DEM图层进行坡度提取,将宝鸡市坡度数据运用自然断点法划分为[0.0°,3.8°)、[3.8°,9.0°)、[9.0°,13.4°)、[13.4°,17.8°)、[17.8°,22.2°)、[22.2°,26.6°)、[26.6°,31.3°)、[31.3°,37.2°)和[37.2°,66.0°)9个等级。分析可知,宝鸡市中东部地区坡度最低,北部地区坡度较缓,西部和南部地区的边缘地带坡度最高。

3)多年平均强降水指标。基于ArcGIS软件对宝鸡市多年平均强降水频次进行反距离权重差值,运用自然断点法将其划分为[0.00次,0.87次)、[0.87次,1.08次)、[1.08次,1.29次)、[1.29次,1.57)、[1.57次,2.00次)5个等级。分析可以看出,宝鸡市多年平均强降水频次以太白县为最高,宝鸡市边缘地带多年平均强降水频次最低,大多为0.57~1.08次;中部地区多年平均强降水频次适中,在1.08~1.29次;在多年平均强降水频次的整体空间分布上,主要呈由南部地区向北部地区递减。

4)洪涝次数指标。通过对2016年《陕西救灾年鉴》和《中国气象灾害大典·陕西卷》的查阅,得到宝鸡市各地区洪涝发生次数,运用ArcGIS自然断点法将宝鸡市洪涝次数空间分布划分为5个等级,分别为[22次,23次)、[23次,24次)、[24次,25次)、[25次,28次)和[28次,32次)。分析可知,宝鸡市区由于下垫面渗透能力弱以及毗邻渭河,发生的洪涝次数最多,达32次;东北部地区发生洪涝次数最少,为23次;其他地区洪涝发生次数较为适中。

5)多年汛期年平均降水量指标。运用自然断点法将宝鸡市多年汛期年平均降水量划分为5个等级,分别为[472.55 mm,502.01 mm)、[502.01 mm,520.32 mm)、[520.32 mm,536.64 mm)、[536.64 mm,551.37 mm)、[551.37 mm,574.06 mm)。分析可知,宝鸡市多年汛期年平均降水量在空间上分布极为不均匀,凤县、宝鸡市区和太白县多年汛期年平均降水量最高,介于536.64~574.06 mm;眉县和陈仓区多年汛期年平均降水量适中,在502.01~520.32 mm;宝鸡市的北部地区和东部地区多年汛期年平均降水量最少,大多在472.55~520.32 mm;在宝鸡市多年汛期年平均降水量的整体空间分布上,可以发现,总体呈由西南地区向东北地区递减。

6)涝灾强度指标。通过对2016年《陕西救灾年鉴》和《中国气象灾害大典·陕西卷》的查阅,得到宝鸡市各地区涝灾强度,为了方便直观地分类和比较,对各地区涝灾强度进行归一化处理。运用Arc GIS的自然断点法功能将宝鸡市涝灾强度的空间分布划分为5个等级,由低到高分别为(<0.00)、[0.00,0.22)、[0.22,0.44)、[0.44,0.56)和[0.56,1.00)。分析可知,宝鸡市区由于下垫面多柏油马路和水泥道路,地表的渗透能力弱以及大部分市区毗邻渭河,因而发生的涝灾强度最大,介于0.56~1.00;并由市区开始,涝灾强度向南部地区和北部地区递减。涝灾强度最低的地区为麟游县、太白县和凤县,涝灾强度为0.00。

9.5 宝鸡市旱涝灾害危险性评估体系构建及权重

对于干旱灾害的危险性研究,国内学者(Islam et al.,2016;张俊香 等,2004;邹敏,2007)大多认为是在气候变化背景下,以气象要素展开研究的,基于研究区自身特点,选取评估干旱灾害危险性的指标。影响干旱危险性评估的因素复杂多样,尚不统一,有些数据难以获取,基于现有和可获取的数据,选取6个对宝鸡市干旱灾害危险性评估较为典型的指标,分别为年平均气温、多年平均相对湿度、旱灾次数、多年平均日照时数、多年平均降水量和旱灾强度指标。对各指标进行加权综合评价,进而实现宝鸡市干旱灾害危险性评估及区划。对于洪涝灾害的危险性研究,国内学者(周成虎 等,2000;张会 等,2005;赵霞 等,2007;成陆 等,2019;宫清华等,2009)大多认为是在气候变化背景下,以气象要素和地表差异展开研究的,基于研究区自身特点,选取评估洪涝灾害危险性的指标。影响洪涝灾害危险性评估的因素复杂多样,尚不统一,有些数据难以获取,基于现有和可获取的数据,选取 6 个对宝鸡市洪涝灾害危险性评估较为典型的指标,分别为坡度、DEM、洪涝次数、多年平均强降水频次、多年汛期年平均降水量和涝灾强度指标。因为各指标对综合评估的贡献度存在差异,需要运用层次分析法和德尔菲法将各指标赋予权重,从而确定各指标对宝鸡市干旱、洪涝灾害危险性评估的具体贡献度,评估结果往往受各指标权重合理性的影响。现行对指标权重的确定方法一般分为主观、客观。对于一个地区干旱、洪涝灾害危险性评估进行研究用到的方法有特尔菲咨询法、决策树法、灰色关联分析法、统计方法、专家打分法、模糊综合评价法、因子分析法和 AHP 层次分析法等。客观性赋权方法差异较小,是运用系统的精确计算得到的各指标权重,但此过程所需数据量较为庞大且难以应用,并且计算模式使评估模型趋于无差异化,难以贴合地区特点进行综合评估。主观性赋权方法虽较贴合实情,但经常会存在一定的偏差,这主要是因主体对相关客体认知的差异性引起的。就总体而论,单独使用客观性赋权方法或主观性赋权方法都难以达到理想的效果,存在一定程度上的缺陷。因此,将主观性和客观性赋权方法进行有机结合,能够有效补足二者各自的缺陷和不足,从而使各指标赋权更符合研究区自身特点。本章所选指标的确权主要基于运用 AHP 层次分析法,并通过查阅研究区的相关研究文献,结合咨询灾害风险评估方面的相关专家、学者,对各指标权重进行反复的调整,以达到宝鸡市干旱、洪涝灾害危险性评估结果更符合宝鸡市市情的目的。表 9.1 为宝鸡市干旱灾害危险性评估指标体系及权重表,表 9.2 为宝鸡市洪涝灾害危险性评估指标体系及权重表。

表 9.1　宝鸡市干旱灾害危险性评估指标体系及权重

评估对象及总权重		指标及权重	
干旱灾害危险性	1	旱灾次数	0.07
		年平均气温	0.16
		年降水量	0.34
		年日照时数	0.13
		多年平均相对湿度	0.21
		旱灾强度	0.09

表 9.2　宝鸡市洪涝灾害危险性评估指标体系及权重

评估对象及总权重		指标及权重	
洪涝灾害危险性	1	DEM	0.12
		洪涝次数	0.08
		坡度	0.22
		多年平均强降水频次	0.17
		涝灾强度	0.10
		多年汛期年平均降水量	0.31

9.5.1 宝鸡市干旱灾害危险性评估及区划

以宝鸡市1949—2018年间干旱发生频次、旱灾强度，1963—2018年10个站点多年平均降水量、多年平均相对湿度、多年平均气温和多年平均日照时数数据为基础，在年降水量不变的情况下，年平均气温越高，相对湿度越低，发生干旱的次数就增多，干旱灾害危险性增强，反之则相反。在年蒸发量不变的情况下，一个地区的年降水量越低，下垫面受到的日照时数越长，其干旱指数越高，干旱程度加深，干旱灾害危险性上升；反之则相反。将多年平均降水量指标、干旱次数指标、多年平均日照时数指标、旱灾强度指标、多年平均相对湿度指标和年平均气温指标进行归一化处理和权重计算，然后将干旱灾害危险性指数HQ值依据自然断点法划分为低危险区（＜0.06）、次低危险区[0.06，0.46）、中危险区[0.46，0.67）、次高危险区[0.67，0.72）、高危险区[0.72，0.83）5个危险等级。图9.1为宝鸡市干旱灾害危险性区划图，由图9.1可知，宝鸡市干旱灾害高危险区集中分布在扶风县、陇县和眉县，干旱危险指数在0.72～0.83；次高危险区大多集中在千阳县和凤翔县，干旱危险指数在0.67～0.72；中危险区覆盖了麟游县和岐山县，干旱危险指数在0.46～0.67；次低危险区主要囊括凤县和宝鸡市区，干旱危险指数为0.06～0.46；低危险区集中分布在太白县，干旱危险性指数仅在0.06以下。就整体空间分布而言，东北部地区较西南地区等级分布不均匀，且东南部地区的干旱灾害危险性高于西南部地区。

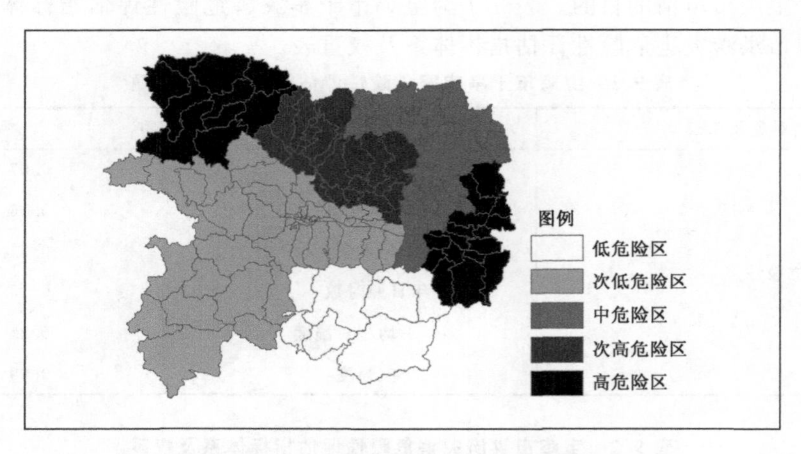

图9.1 宝鸡市干旱灾害危险性区划图

9.5.2 宝鸡市洪涝灾害致灾因子危险性评估及区划

根据前人的相关研究，结合宝鸡市市情，选取了坡度、DEM、洪涝次数、多年平均强降水频次、多年汛期年平均降水量和涝灾强度6个指标为宝鸡市洪涝灾害危险性评估指标。多年汛期年平均强降水量多且集中，历史上发生洪涝灾害的次数多、强度大的地区，其致灾因子危险性较强。地区坡度陡峭、多高海拔地形，多年平均强降水频次多的地区，往往遭受洪涝灾害的危险性越大。通过对宝鸡市各地区近70年的洪涝灾害频次、强度，1963—2018年10个气象监测站点的多年平均强降水频次、多年汛期年平均降水量数据以及宝鸡市的坡度和DEM进行处理和分析，将气象数据、自然环境数据和灾情数据进行归一化处理和权重计算，把致灾因子危险性指数 HW 值运用自然断点法划分为低危险区[0.13,0.15)、次低危险区[0.15,0.25)、中危险区[0.25,0.34)、次高危险区[0.34,0.49)和高危险区[0.49,0.82)5 个危险等级。图 9.2 为宝鸡市洪涝灾害危险性区划图，由图可知，宝鸡市洪涝灾害危险性最高的地区主要集中在太白县和宝鸡市市区，洪涝危险性指数达到了 0.49～0.82；次高危险区主要位于千阳县和凤翔县，洪涝危险性指数为 0.34～0.49；中等危险区主要分布在岐山县、陇县和眉县，洪涝危险性指数在 0.25～0.34；次低危险区集中分布在凤翔县和扶风县，洪涝危险性指数为 0.15～0.25；低危险区主要分布在麟游县，洪涝危险性指数仅为 0.13～0.15。

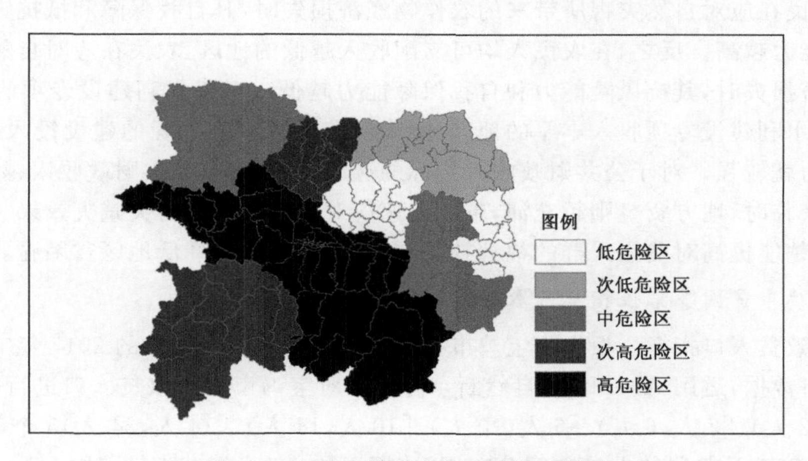

图 9.2　宝鸡市洪涝灾害危险性区划图

9.5.3　宝鸡市贫困脆弱性指标选取原则

对于脆弱性的评估一般包含社会、经济和生态环境等因素，根据宝鸡市自身特点，结合前人的相关研究，对贫困脆弱性指标进行了选取，最终从贫困脆弱性的暴露性方面选取了因灾致贫人口、常住人口、年末常用耕地面积、植被覆盖度、第一产业产值占地区生产总值比例、人口密度和粮食总产量 7 个评估指标。从贫困脆弱性的应对能力方面选取了城镇化率、农民人均可支配收入、水利建设专项收入和公共财政收入 4 个评估指标。分别从暴露性和应对能力方面选取贫困脆弱性的评估指标。在暴露性方面，对于因灾致贫人口指标的选取，主要依据因灾致贫的人类群体是对灾害响应最为敏感的人群，而一个地区因灾致贫人口的多少，反映着这个地区在灾害背景下的贫困脆弱性；往往一个地区因灾致贫的人口越多，其贫困脆弱性就越高。对于常住人口指标的选取，主要是依据常住人口为每年在当地居住至少 6 个月的人口，常住人口越少，在遭遇灾害时下垫面各群体财产损失的可能性就越低；常住人口越多，在遭受灾害时，下垫面受灾范围则越广，财产损失的可能性就越高。对于年末常用耕地面积指标的选取，主要是考虑到一个地区年末常用耕地面积越低，其受到自然灾害所造成的经济损失越低；反之，年末耕地面积越高，则受到的经济损失程度有可能越高。对于植被覆盖度指标的选取，则是因为植被覆盖度高的地区能有效缓解自然灾害对人类群体所带来的社会经济损失，弱化贫困脆弱性所带来的负面影响。对于第一产业产值占地区生产总值比例指标的选取，主要是根据第一产业产值占地区生产总值比例越高的地区，说明其在应对各种自然灾害时会有所受损害越大的可能，表明当地社会经济下的人类群体的贫困脆弱性高。对于人口密度指标的选取，主要根据人口密度越低，在遭受灾害时，下垫面上经济财产受到损失的可能性就越低，则贫困脆弱性越低；人口密度越高，下垫面上经济财产受到灾害造成损失的可能性就越高，则贫困脆弱性越高。最后关于粮食总产量指标的选取，主要考虑粮食总产量越多，在下垫面发生自然灾害时面临的直接经济损失就越多，引发的贫困脆弱性越强。

在应对能力方面，对城镇化率指标的选取，主要依据一个地区的城镇化率越高，排水系统泄洪能力就越强，同时抗击洪涝灾害的应对能力就越强。对于农民人均可支配收入指标的选取，主要根据农民人均可支配收入反映了该地区农民生活水平的高低，农民人均可支配收入越高的地区，农民在应对自然灾害所带来的农作物经济损失时，其自我保障和抵抗灾害所带来的负面影响的能力越高。反之，在农民人均可支配收入越低的地区，农民在应对自然灾害所带来的农作物经济损失时，其抗风险能力和自我保障能力越低。对于水利建设专项收入指标的选取，主要依据水利建设专项收入丰厚的地区，则表明该地区水利工程的建设投入多，其应对自然灾害的能力就较强。对于公共财政收入指标的选取，主要根据公共财政收入越高的地区，面对自然灾害来临时，地方资金则越充沛，越能迅速应对达到良好的防灾减灾效果。同时公共财政收入越多，越能提高对贫困人群的福利补贴和救助质量，达到降低地区贫困脆弱性的效果。

9.5.3.1 宝鸡市贫困暴露性指标选取

(1)因灾致贫人口指标。根据从宝鸡市扶贫办贫困监测中心获取的 2017 年宝鸡市各乡镇因灾致贫人口数据，运用 ArcGIS 的自然断点法功能对宝鸡市因灾致贫人口进行等级划分，依次划分为[0,2 人)、[2 人,6 人)、[6 人,10 人)、[10 人,14 人)、[14 人,24 人)5 个等级。图 9.3 为宝鸡市 2017 年因灾致贫人口空间分布图，由图可知，宝鸡市东南镇、法门镇、召公镇、东风镇、绛帐镇和城关街道的因灾致贫人口最多，介于 14～24 人；范家寨镇、田家庄镇、曹家湾镇、午井镇和周原镇的因灾致贫人口次之，为 10～14 人；段家镇、城关镇、水沟镇、汤峪镇、九成宫镇、杏林镇、天度镇和县功镇的因灾致贫人口适中，居于 6～10 人；其他乡镇因灾致贫人口较少，大多在 0～6 人。就宝鸡市因灾致贫人口的空间分布而言，北部地区的因灾致贫人口多于南部地区的因灾致贫人口。

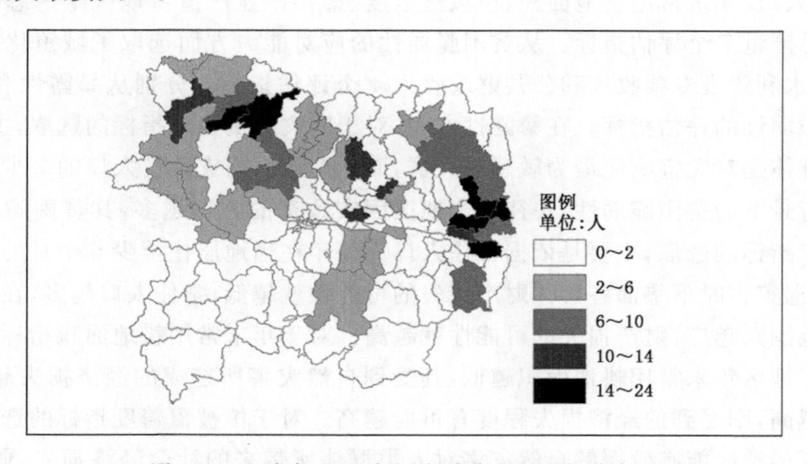

图 9.3 宝鸡市 2017 年因灾致贫人口空间分布图

(2)常住人口指标。运用 ArcGIS 的自然断点法功能对宝鸡市常住人口进行等级划分，依次划分为[1 532 人,1 2050 人)、[12 050 人,24 646 人)、[24 646 人,40 317 人)、[40 317 人,

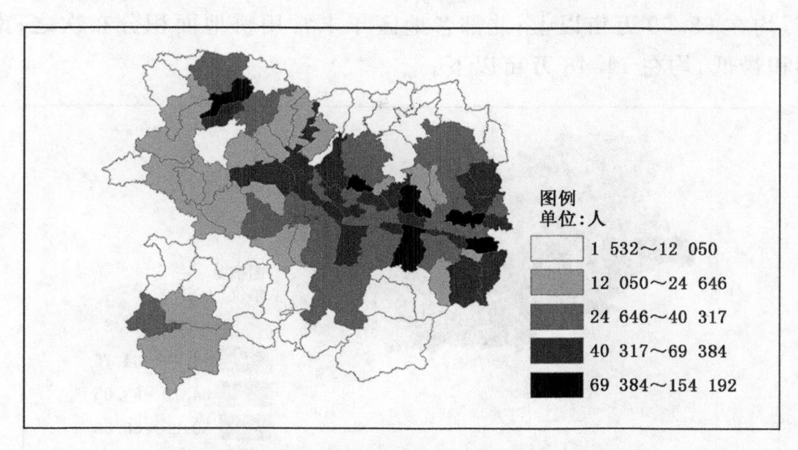

图 9.4 宝鸡市 2017 年常住人口空间分布图

69 384人)、[69 384 人,154 192 人)5 个等级。图 9.4 为宝鸡市 2017 年常住人口空间分布图,由图可知,宝鸡市的常住人口大多集中在宝鸡市的中东部地区,其中蔡家坡镇常住人口最多,达 154 192 人;北部和南部地区常住人口最少,其中太白县的王家堎镇常住人口最少,仅有 1 532人。常住人口最多的乡镇和常住人口最少的乡镇相差 152 660 人,差异显著。

(3)人口密度指标。运用 ArcGIS 的自然断点法功能对宝鸡市人口密度指标划分为 5 个等级,依次划分为[3 人/km^2,116 人/km^2)、[116 人/km^2,317 人/km^2)、[317 人/km^2,644 人/km^2)、[644 人/km^2,1 185 人/km^2)、[1 185 人/km^2,3 116 人/km^2)。图 9.5 为宝鸡市 2017 年人口密度空间分布图,由图可知,同宝鸡市 2017 年常住人口空间分布相似,2017 年宝鸡市中东部地区的人口密度最大,南北部边缘地区的各乡镇人口密度最少,人口密度最少的地区为黄柏塬镇,仅为 3 人/km^2,人口密度最大的乡镇和人口密度最小的乡镇相差 3 113 人/km^2。

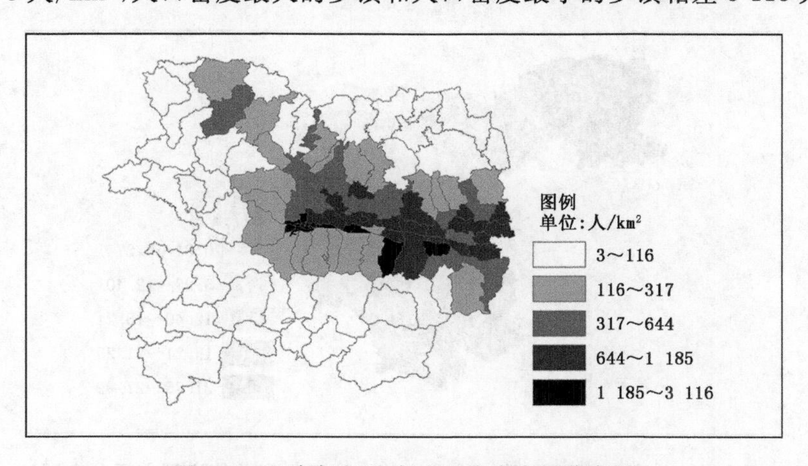

图 9.5 宝鸡市 2017 年人口密度空间分布图

(4)年末常用耕地面积指标。运用 ArcGIS 的自然断点法功能将宝鸡市年末常用耕地面积划分为 5 个等级,依次划分为[9.75 万亩,14.43 万亩)、[14.43 万亩,34.76 万亩)、[34.76 万亩,53.05 万亩)、[53.05 万亩,68.59 万亩)、[68.59 万亩,90.55 万亩)。图 9.6 为宝鸡市 2017 年末常用耕地面积空间分布图,由图可知,宝鸡市各地区中年末常用耕地面积以中西部地区分布最高，均在 68.59 万亩以上；北部各地区年末常用耕地面积分布次之；南部各地区年末常用耕地面积最低，均在 14.43 万亩以下。

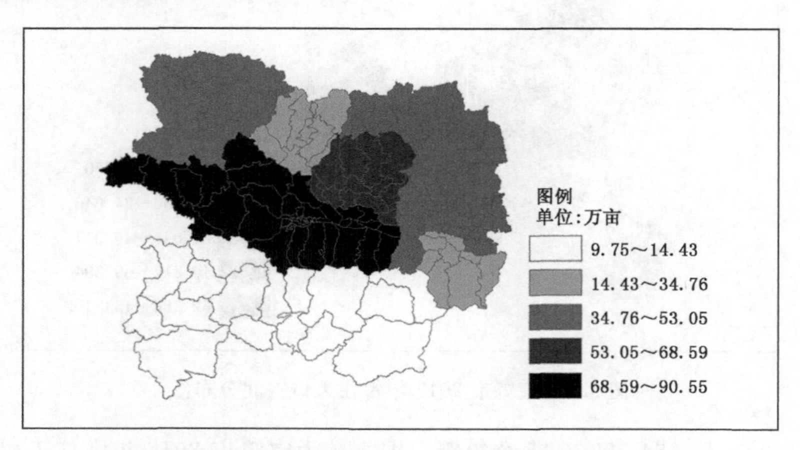

图 9.6　宝鸡市 2017 年末常用耕地面积空间分布图

(5)第一产业产值占地区生产总值比例指标。运用 ArcGIS 自然断点法功能对宝鸡市第一产业产值占地区生产总值比例指标进行等级划分，由低到高依次划分为[0.81%,5.27%)、[5.27%,12.40%)、[12.40%,15.21%)、[15.21%,21.25%)、[21.25%,27.99%)5 个等级。通过查阅 2018 年《宝鸡市统计年鉴》，得出宝鸡市各地区第一产业产值占地区生产总值比例数据，图 9.7 为宝鸡市 2017 年第一产业产值占地区生产总值比例空间分布图，由图可知，宝鸡市第一产业产值占地区生产总值比例地域分布差异较大，太白县和陇县第一产业产值占地区生产总值比例最高，宝鸡市区和凤县第一产业产值占地区生产总值比例最低，其他地区第一产业产值占地区生产总值比例居中。

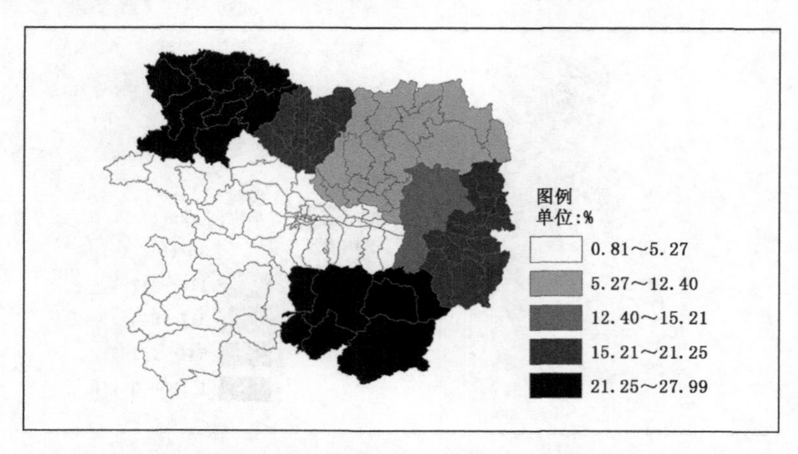

图 9.7　宝鸡市 2017 年第一产业产值占地区生产总值比例空间分布图

(6)植被覆盖度指标。运用 ArcGIS 的自然断点法功能对宝鸡市植被覆盖度指标进行等级划分，由低到高依次为(<51.9%)、[51.9%,66.8%)、[66.8%,78.2%)、[78.2%,88.0%)、(≥88.0%)5 个等级。图 9.8 为宝鸡市 2017 年植被覆盖度空间分布图，由图可知，宝鸡市的南部地区和西部地区植被覆盖度最大，为≥88.0%，这些地区在遭遇干旱和洪涝灾害时抗风险

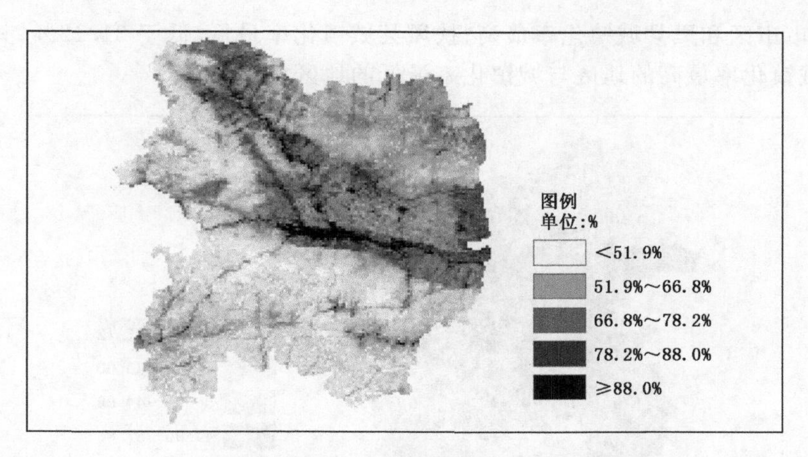

图 9.8　宝鸡市 2017 年植被覆盖度空间分布图

能力较强;宝鸡市北部地区的植被覆盖度次之,在 66.8%～88.0%;宝鸡市中东部植被覆盖度最低,在 66.8%以下。就整体而言,宝鸡市植被覆盖度南北分布不均匀,南部地区的植被覆盖度高于北部地区的植被覆盖度。

(7)粮食总产量指标。运用 ArcGIS 自然断点法功能对宝鸡市粮食总产量指标进行等级划分,由低到高依次为[0.74×10^4t,2.33×10^4t)、[2.33×10^4t,7.86×10^4t)、[7.86×10^4t,11.76×10^4t)、[11.76×10^4t,26.23×10^4t)、[26.23×10^4t,27.82×10^4t)5 个等级。图 9.9 为宝鸡市 2017 年粮食总产量空间分布图,由图可知,宝鸡市各市区、岐山县和扶风县粮食总产量最高,在 26.23×10^4t 以上;除以上地区外的其他北部地区粮食总产量次之;凤县和太白县粮食总产量最低,低于 2.33×10^4t。宝鸡市 2017 年粮食总产量在整体上表现为北部地区多于南部地区的粮食总产量。

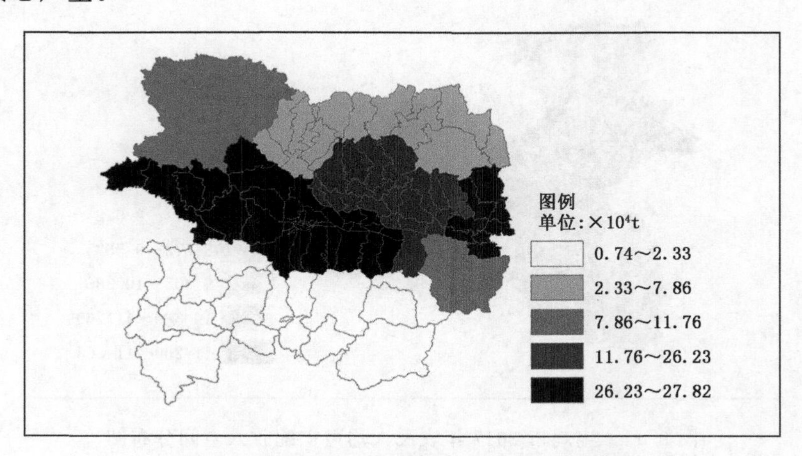

图 9.9　宝鸡市 2017 年粮食总产量空间分布图

9.5.3.2　宝鸡市贫困应对能力指标选取

(1)城镇化率指标。运用 ArcGIS 自然断点法功能将宝鸡市城镇化率进行等级划分,由低到高依次为[20.01%,31.12%)、[31.12%,36.00%)、[36.00%,44.96%)、[44.96%,57.88%)、[57.88%,72.57%)5 个等级。图 9.10 为宝鸡市 2017 年城镇化率空间分布图,由图可知，宝鸡市市区和凤县城镇化率最高；扶风县城镇化率最低，低于 31.12%；其他地区城镇化率居中。城镇化率最高的地区与城镇化率最低的地区相差 52.56%。

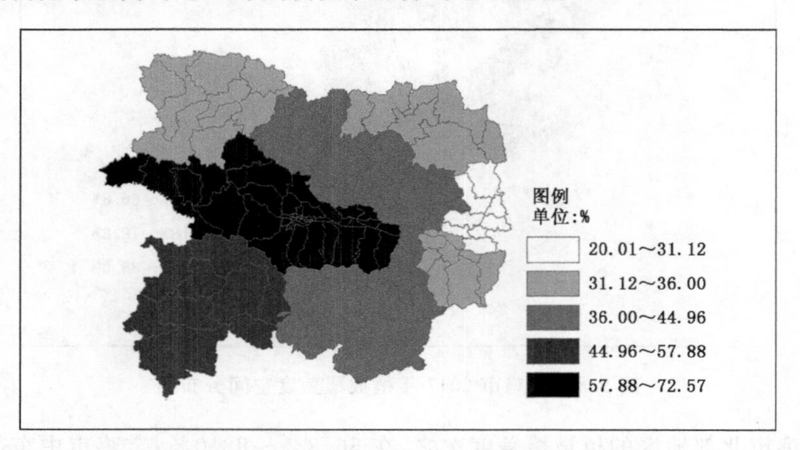

图 9.10　宝鸡市 2017 年城镇化率空间分布图

(2)农民人均可支配收入指标。运用 ArcGIS 自然断点法功能将宝鸡市农民人均可支配收入指标进行等级划分，由低到高依次为[8 157 元，8 572 元)、[8 572 元，9 363 元)、[9 363 元，10 386 元)、[10 386 元，11 260 元)、[11 260 元，11 365 元)5 个等级。图 9.11 为宝鸡市 2017 年农民人均可支配收入空间分布图，由图可知，宝鸡市陈仓区和岐山县农民人均可支配收入最高，在 11 260～11 365 元；其次为凤县、陇县和凤翔县，农民人均可支配收入在仅为 10 386～11 260 元；东北和东南地区农民人均可支配收入最低，仅为 8 157～8 572 元；其他地区农民人均可支配收入较为适中。

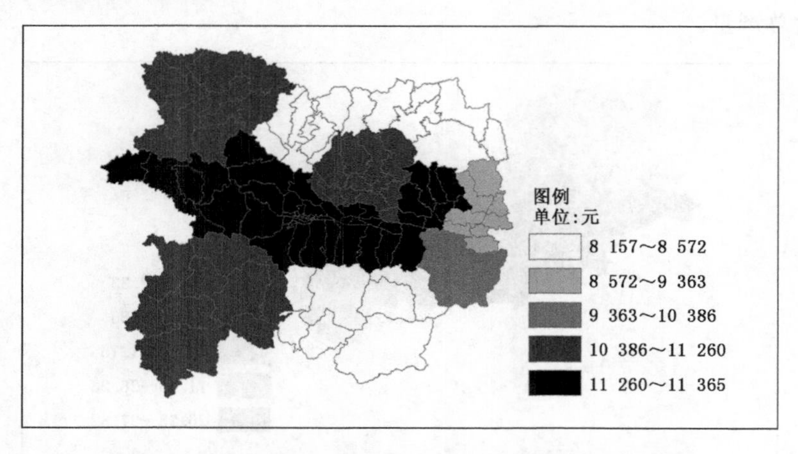

图 9.11　宝鸡市 2017 年农民人均可支配收入空间分布图

(3)公共财政收入指标。通过对 2018 年《宝鸡市统计年鉴》的查阅，得到宝鸡市各地区的公共财政收入数据。运用自然断点法功能将宝鸡市公共财政收入指标进行等级划分，由低到高依次为[7 414 万元，9 111 万元)、[9 111 万元，22 430 万元)、[22 430 万元，30 188 万元)、[30 188 万元～45 028 万元)、[45 028 万元，328 965 万元)5 个等级。图 9.12 为宝鸡市 2017 年公共财政收入空间分布图，由图可知，宝鸡市公共财政收入地区分布不均，以中西部地区的宝鸡市市区最高，在 45 028 万～328 965 万元，其次为东部和西南地区，在 22 430 万～45 028 万元；北部和南部地区的公共财政收入最低，均在 22 430 万元以下。

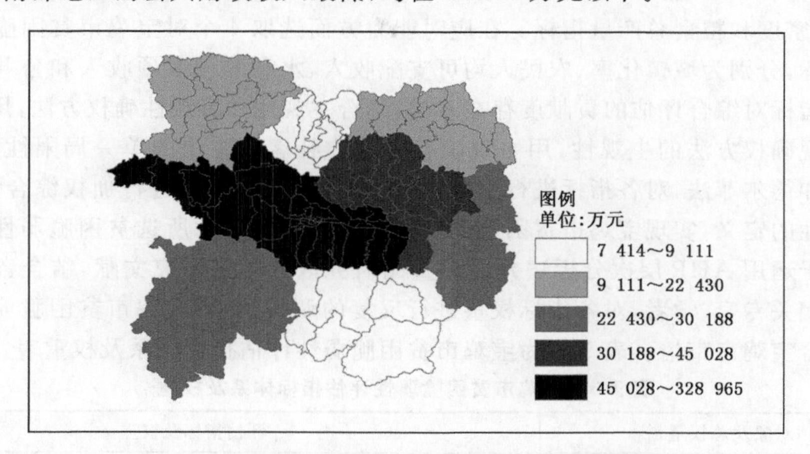

图 9.12　宝鸡市 2017 年公共财政收入空间分布图

(4)水利建设专项收入指标。运用 ArcGIS 自然断点法功能将宝鸡市水利建设专项收入指标进行等级划分，由低到高依次为[39 万元，88 万元)、[88 万元，198 万元)、[198 万元，272 万元)、[272 万元，374 万元)、[374 万元，3 601 万元)5 个等级。图 9.13 为宝鸡市 2017 年水利建设专项收入空间分布图，由图可知，宝鸡市市区和凤翔县水利建设专项收入最高，在 272 万～3 601万元；千阳县、太白县和麟游县等地区水利建设专项收入最低，介于 39 万～88 万元；其他地区水利建设专项收入居中，集中在 88 万～272 万元；在整体上表现为宝鸡市水利建设专项收入从中西部地区向两边显著减少。

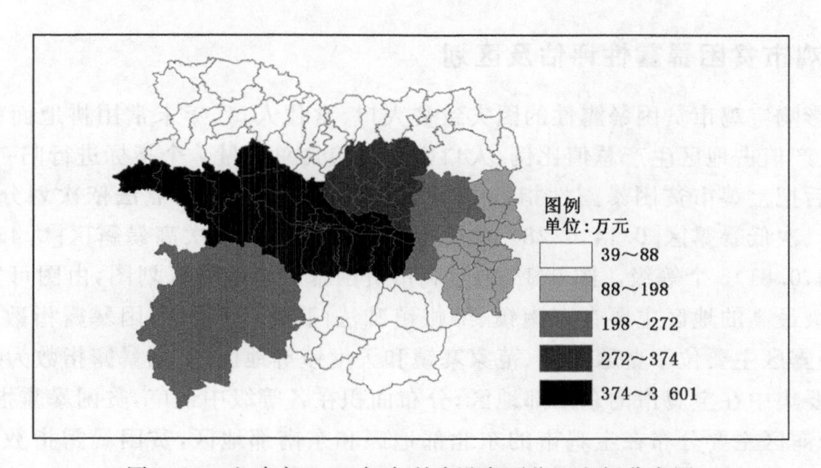

图 9.13　宝鸡市 2017 年水利建设专项收入空间分布图

对于贫困脆弱性的研究，其评估指标主要与社会系统关联较为紧密，根据前人对贫困脆弱性指标的选取(田宏岭 等，2016，武文斌，2014)，结合宝鸡市市情并基于世界银行环境部对贫困脆弱性的定义，从暴露性和应对能力两大影响因子对宝鸡市贫困脆弱性进行综合评估。影响贫困脆弱性评估的因素复杂多样，且尚不统一，对有些难以获取的数据，通过现有数据和可获取数据进行指标选取。在暴露性方面选取7个对宝鸡市贫困脆弱性评估较为典型的指标，分别为因灾致贫人口、常住人口、年末常用耕地面积、植被覆盖度、第一产业产值占地区生产总值比例、人口密度和粮食总产量指标。在应对能力方面选取4个对宝鸡市贫困脆弱性评估较为典型的指标，分别为城镇化率、农民人均可支配收入、水利建设专项收入和公共财政收入指标。因为各指标对综合评估的贡献度存在差异，结合主观性和客观性确权方法，用客观性确权方法弥补主观确权方法的主观性，用主观确权方法弥补客观方法的单一局限性。基于AHP层次分析法和德尔菲法，对各指标进行确权，在此基础上对各指标进行加权综合评价，最终结合贫困脆弱性的定义，实现宝鸡市贫困脆弱性评估及区划。本章所选贫困脆弱性评价指标的确权主要基于运用AHP层次分析法并通过查阅研究区的相关研究文献，结合咨询贫困问题研究方面的相关专家、学者，对各指标权重进行反复的调整，使得宝鸡市贫困脆弱性评估及区划结果更符合宝鸡市市情。表9.3为宝鸡市贫困脆弱性评估指标体系及权重表。

表9.3　宝鸡市贫困脆弱性评估指标体系及权重

评估对象及总权重		评估指标及权重	
暴露性	1	因灾致贫人口	0.39
		常住人口	0.06
		年末常用耕地面积	0.12
		植被覆盖度	0.14
		第一产业产值占地区生产总值比例	0.13
		人口密度	0.07
		粮食总产量	0.09
应对能力	1	城镇化率	0.15
		农民人均可支配收入	0.39
		水利建设专项收入	0.27
		公共财政收入	0.19

9.5.4　宝鸡市贫困暴露性评估及区划

根据对影响宝鸡市贫困暴露性的因灾致贫人口、常住人口、年末常用耕地面积、植被覆盖度、第一产业产值占地区生产总值比例、人口密度和粮食总产量7个指标进行归一化处理和加权评估。然后把宝鸡市贫困暴露性指数A值通过ArcGIS自然断点法依次划分为低暴露区[0.04,0.14)、次低暴露区[0.14,0.28)、中暴露区[0.28,0.45)、次高暴露区[0.45,0.59)和高暴露区[0.59,0.81)5个等级。图9.14为宝鸡市贫困暴露性等级区划图，由图可知，宝鸡市贫困暴露性等级最高的地区主要在东南镇、绛帐镇和法门镇等地区，贫困暴露指数高达0.59～0.81；次高暴露区主要位于曹家湾镇、范家寨镇和天度镇等地区，贫困暴露指数为0.45～0.59；中暴露区主要集中在宝鸡市的东西部地区，分布面积在各等级中最广，贫困暴露指数在0.28～0.45；次低暴露区主要分布在宝鸡市的东北部地区和东南部地区，贫困暴露指数介于0.14～0.28；低暴露区分布范围在宝鸡市的西南部地区。就整体而言，宝鸡市贫困暴露性在空间上分布不均匀，北部地区的贫困暴露性大多高于南部地区。

9.5.5　宝鸡市贫困应对能力评估及区划

运用指标归一化并依据各指标权重，对影响宝鸡市贫困应对能力的4个评估指标（城镇化率、农民人均可支配收入、水利建设专项收入和公共财政收入）进行综合评估，基于ArcGIS技

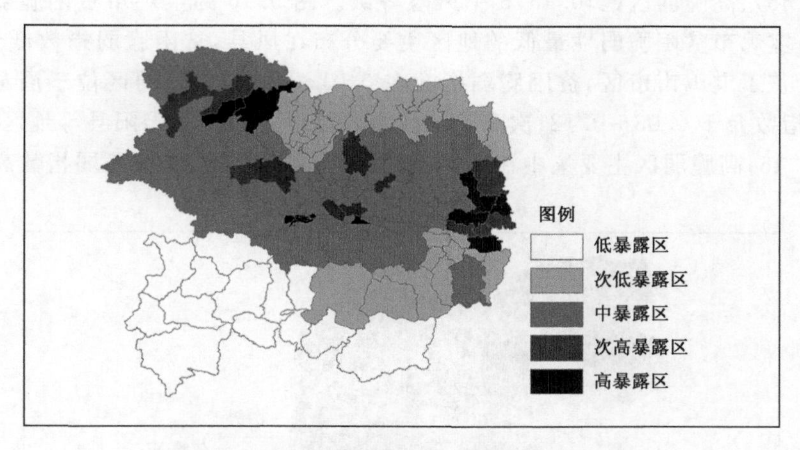

图 9.14　宝鸡市贫困暴露性等级区划图

术和自然断点法对宝鸡市贫困应对能力 C 指数划分为 5 个能力等级区，即高应对能力区(≥0.50)、次高应对能力区[0.31,0.50)、中应对能力区[0.17,0.31)、次低应对能力区[0.08,0.17)和低应对能力区[0.03,0.08)。图 9.15 为宝鸡市贫困应对能力等级区划图，由图可知，宝鸡市贫困应对能力中最高等级地区为宝鸡市区，相较于其他地区是经济比较发达地区，贫困应对能力指数高于 0.5；贫困应对能力次高区为凤翔县、凤县和岐山县，贫困应对能力指数在 0.31～0.50；中应对能力区仅分布在宝鸡市的凤县，贫困应对能力指数介于 0.17～0.31；低应对能力区和次低应对能力区分布面积最广，分布在宝鸡市的边缘地区，贫困应对能力指数仅为 0.03～0.17。

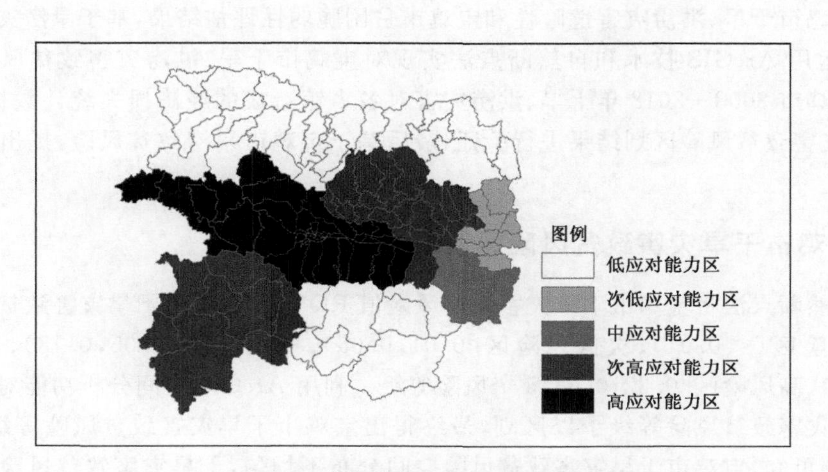

图 9.15　宝鸡市贫困应对能力等级区划图

9.5.6　宝鸡市贫困脆弱性评估及区划

结合贫困定义方法，运用指标归一化并依据各指标权重，对影响宝鸡市贫困脆弱性的暴露性和应对能力的 11 个指标进行综合评估。基于 ArcGIS 和自然断点法将宝鸡市贫困脆弱值 VP 依次划分为低脆弱区(＜0.01)、次低脆弱区[0.01,0.03)、中脆弱区[0.03,0.12)、次高脆弱区[0.12,0.45)、高脆弱区(≥0.45)5个风险等级。图9.16为宝鸡市贫困脆弱性等级区划图,由图可知,宝鸡市贫困脆弱性最低的地区主要分布在凤县,贫困脆弱指数低于0.01;次低脆弱区主要涵盖了宝鸡市市区,贫困脆弱指数在0.01～0.03;中脆弱区位于眉县和凤县等地区,贫困脆弱指数介于0.03～0.12;次高脆弱区主要位于太白县和千阳县等地区,贫困脆弱指数为0.12～0.45;高脆弱区主要集中在招贤镇、九成宫镇和陇县,贫困脆弱指数高于0.45。

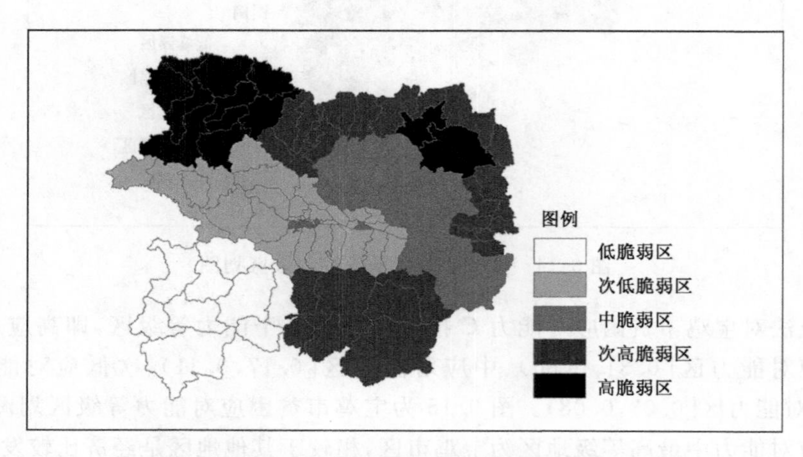

图9.16 宝鸡市贫困脆弱性等级区划图

9.6 宝鸡市旱涝灾害致贫风险评估及区划

利用宝鸡市干旱、洪涝灾害危险性和宝鸡市贫困脆弱性评估结果,基于旱涝灾害致贫风险评估模型,运用ArcGIS技术和自然断点法实现对宝鸡市干旱、洪涝灾害致贫风险评估及区划。根据宝鸡市2008—2018年干旱、洪涝灾害对各乡镇造成的经济损失统计数据,对宝鸡市干旱、洪涝灾害致贫风险区划结果进行验证,最后基于宝鸡市旱涝致贫风险,提出有建设性的对策及建议。

9.6.1 宝鸡市干旱灾害致贫风险评估及区划

依据自然断点法将宝鸡市干旱灾害致贫风险值RQ按各乡镇因干旱灾害致贫风险的大小划分为低风险区(<0.01)、次低风险区[0.01,0.05)、中风险区[0.05,0.18)、次高风险区[0.18,0.32)、高风险区[0.32,0.83)5个风险等级。利用ArcGIS空间分析功能对自然断点法划分的干旱灾害致贫风险等级予以区划,最终得出宝鸡市干旱灾害致贫风险等级区划图(图9.17)。由图可知,宝鸡市干旱灾害致贫风险空间分布不均匀,干旱灾害致贫风险最低区主要位于宝鸡市西南部地区;次低风险区主要分布在凤翔县、岐山县和眉县;中风险区大多分布在天度镇、绛帐镇、杏林镇、法门镇、段家镇、午井镇和千阳县;次高风险区集中分布在柳林镇、酒房镇、常丰镇、崔木镇、召公镇、城关街道、两亭镇、招贤镇和丈八镇;高风险区主要集中在九成宫镇和陇县。

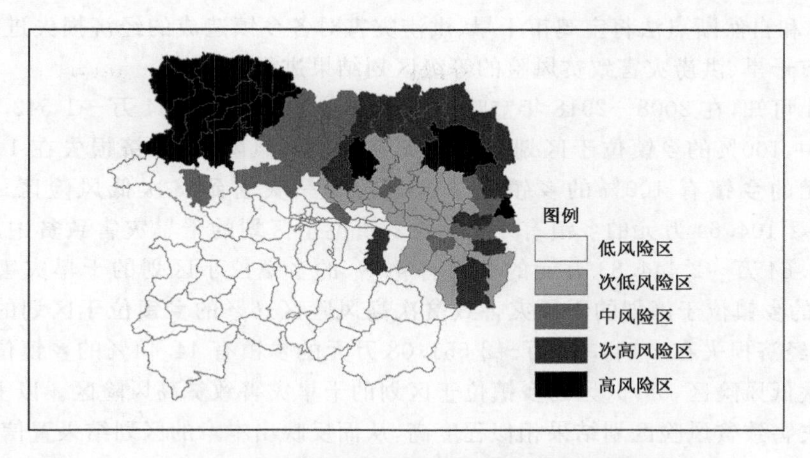

图 9.17　宝鸡市干旱灾害致贫风险等级区划图

9.6.2　宝鸡市洪涝灾害致贫风险评估与区划

依据自然断点法将洪涝灾害致贫风险值 RW 按各乡镇因灾致贫风险的大小划分为低风险区(＜0.01)、次低风险区[0.01,0.05)、中风险区[0.05,0.12)、次高风险区[0.12,0.22)、高风险区[0.22,0.33)5 个风险等级。对宝鸡市洪涝灾害致贫风险等级在基于 ArcGIS 空间分析功能和自然断点法下进行区划，最终生成宝鸡市洪涝灾害致贫风险等级区划图(图 9.18)。由图可知，宝鸡市洪涝灾害致贫风险在空间分布上同干旱灾害致贫风险空间分布相似，都极为不均匀，洪涝灾害致贫风险最低区主要位于宝鸡市的凤县和凤翔县；次低风险区主要分布在宝鸡市的中部地区；中风险区主要分布在太白河镇、黄柏塬镇、千阳县和麟游县的大部分地区；次高风险区大多分布在靖口镇、鹦鸽镇、九成宫镇、河北镇、八渡镇、王家堎镇、桃川镇、温水镇、天成镇、嘴头镇、新集川镇和固关镇；高风险区主要集中在曹家湾镇、东风镇、城关镇和东南镇。

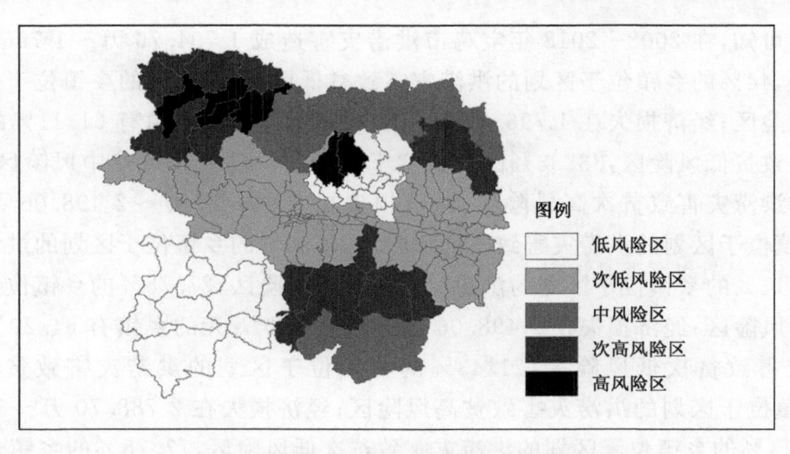

图 9.18　宝鸡市洪涝灾害致贫风险等级区划图

9.6.3　宝鸡市旱涝灾害致贫风险区划结果验证

本章根据 2008—2018 年宝鸡市干旱灾害和洪涝灾害分别对各乡镇造成的经济损失数据，

基于 ArcGIS 和自然断点法将宝鸡市干旱、洪涝灾害对各乡镇造成的经济损失进行等级划分，进而对宝鸡市干旱、洪涝灾害致贫风险的等级区划结果进行验证。

由表 9.4 可知，在 2008—2018 年宝鸡市干旱灾害造成 1 275.54 万～1 543.41 万元经济损失的乡镇中，100%的乡镇位于区划的干旱灾害致贫低风险区；经济损失在 1 543.41 万～1 977.09万元的乡镇有 100%的乡镇位于区划的干旱灾害致贫次低风险区；经济损失在 1 977.09万～2 104.64 万元的乡镇有 100%的乡镇位于区划的干旱灾害致贫中风险区；经济损失在 2 104.64 万～2 444.83 万元的乡镇有 40% 的乡镇位于区划的干旱灾害致贫中风险区，53.33%的乡镇位于区划的干旱灾害致贫次高风险区，6%的乡镇位于区划的干旱灾害致贫高风险区；经济损失在 2 444.83 万～2 551.08 万元的乡镇有 44.44%的乡镇位于区划的干旱灾害致贫次低风险区，55.56%的乡镇位于区划的干旱灾害致贫高风险区。以上结果与本章宝鸡市干旱灾害致贫风险区划结果相似程度高，从而反映出本章的区划结果置信程度较高，且对于因灾致贫的研究和扶贫工作的开展具有一定的实用价值。

表 9.4 2008—2018 年宝鸡市干旱灾害对各乡镇造成的经济损失

地区	干旱灾害造成经济损失(万元)	与本研究区划结果符合程度
宝鸡市市区、太白县、凤县	1 275.54～1 543.41	100%的乡镇在区划的干旱灾害致贫低风险区
岐山县、凤翔县	1 543.41～1 977.09	100%的乡镇在区划的干旱灾害致贫次低风险区
千阳县	1 977.09～2 104.64	100%的乡镇在区划的干旱灾害致贫中风险区
麟游县、扶风县	2 104.64～2 444.83	40%的乡镇在区划的干旱灾害致贫中风险区；53.33%的乡镇在区划的干旱灾害致贫次高风险区；6%的乡镇在区划的干旱灾害致贫高风险区
眉县、陇县	2 444.83～2 551.08	44.44%的乡镇在区划的干旱灾害致贫次低风险区；55.56%的乡镇在区划的干旱灾害致贫高风险区

由表 9.5 可知，在 2008—2018 年宝鸡市洪涝灾害造成 1 794.76 万～1 796.32 万元经济损失的乡镇中，44%的乡镇位于区划的洪涝灾害致贫低风险区，56%的乡镇位于区划的洪涝灾害致贫次低风险区；经济损失在 1 796.32 万～2 040.17 万元的乡镇有 61.11%的乡镇位于区划的洪涝灾害致贫低风险区，33.33%的乡镇位于区划的洪涝灾害致贫中风险区，5.56%的乡镇位于区划的洪涝灾害致贫次高风险区；经济损失在 2 040.17 万～2 498.06 万元的乡镇有 55.56%的乡镇位于区划的洪涝灾害致贫低风险区，5.56%的乡镇位于区划的洪涝灾害致贫次低风险区，11.11%的乡镇位于区划的洪涝灾害致贫中风险区，27.78%的乡镇位于区划的洪涝灾害致贫次高风险区；经济损失在 2 498.06 万～2 788.70 万元的乡镇有 64.29%的乡镇位于区划的洪涝灾害致贫次低风险区，21.43%的乡镇位于区划的洪涝灾害致贫次高风险区，14.29%的乡镇位于区划的洪涝灾害致贫高风险区；经济损失在 2 788.70 万～3 584.28 万元的乡镇有 11.11%的乡镇位于区划的洪涝灾害致贫次低风险区，77.78%的乡镇位于区划的洪涝灾害致贫中风险区，11.11%的乡镇位于区划的洪涝灾害致贫高风险区。本章对宝鸡市洪涝灾害致贫风险区划结果与以上区划验证结果大致吻合，进一步可以证实本章的研究成果置信程度较高，且具有一定的参考性和现实指导意义。

表 9.5　2008—2018 年宝鸡市洪涝灾害对各乡镇造成的经济损失

地区	洪涝灾害造成经济损失(万元)	与本研究区划结果符合程度
宝鸡市的部分市区、除横水镇外凤翔县全境、除青化镇外岐山县全境	1794.76～1796.32	44%的乡镇在区划的洪涝灾害致贫低风险区;56%的乡镇在区划的洪涝灾害致贫次低风险区
宝鸡市的大部分市区、麟游县	1 796.32～2 040.17	61.11%的乡镇在区划的洪涝灾害致贫低风险区;33.33%的乡镇在区划的洪涝灾害致贫中风险区;5.56%的乡镇在区划的洪涝灾害致贫次高风险区
凤县、太白县、青化镇、横水镇	2 040.17～2 498.06	55.56%的乡镇在区划的洪涝灾害致贫低风险区;5.56%的乡镇在区划的洪涝灾害致贫次低风险区;11.11%的乡镇在区划的洪涝灾害致贫中风险区;27.78%的乡镇在区划的洪涝灾害致贫次高风险区
陇县、宝鸡市的部分市区、扶风县、除营头镇外眉县全境	2 498.06～2 788.70	64.29%的乡镇在区划的洪涝灾害致贫次低风险区;21.43%的乡镇在区划的洪涝灾害致贫次高风险区;14.29%的乡镇在区划的洪涝灾害致贫高风险区
营头镇、千阳县	2 788.70～3 584.28	11.11%的乡镇在区划的洪涝灾害致贫次低风险区;77.78%的乡镇在区划的洪涝灾害致贫中风险区;11.11%的乡镇在区划的洪涝灾害致贫高风险区

9.7　宝鸡市防御旱涝灾害致贫对策

9.7.1　加强植树造林及水利设施的建设

植树造林和水利设施对地区防洪抗旱、调水控水、蓄水保湿和保障灌溉等方面起到重要的保障作用。宝鸡市内各地区造林育林面积和水利设施资金投入极为不均衡,部分干旱、洪涝灾害易发和频发地,林地面积少、水利设施资金投入低。陇县地区林业资源丰富,但林业优势和水利建设的发展不均衡,同时辖区内降水较多,易发生洪涝灾害致贫现象。加强这些地区的植树造林和水利设施建设可有效减轻干旱和洪涝灾害对当地人民生产生活产生的消极影响。在植树造林方面,应根据宝鸡市气候条件,选择生长适宜性强的树苗种类,如紫叶杜仲和短枝密叶杜仲等,从而提升育林的树苗存活率,扩大园林绿化成果,进一步增加林地面积,提升防洪抗旱的效果;在水利建设方面,由于宝鸡市洪涝灾情不是极为严重,所以水利设施建设应以微型水利工程设施为主,该设施有防洪抗旱辐射范围广和资金投入低的特点;以中小型水利工程设施为辅,益于着重加强干旱和洪涝灾害严重地区的防灾减灾,从而使旱涝灾害致贫风险应对工作达到重点防治、全面开展的效果。

9.7.2 推广节水农业,优化水资源利用效率

就目前来看,宝鸡市各行业水资源利用效率仍较低,其中尤以农业和重工业水资源利用效率最低。工业上同国内节水科技水平先进地区具有一定差距,技术节水上略微落后,应引入先进的节水技术,从长远利益和节约型出发,提升工业用水的利用效率;宝鸡市农业灌溉上仍采用的是大水漫灌,这种方式使得水资源浪费严重,应大力发展滴灌和喷灌等农田灌溉方式,优化农业作物,培育优良的耐旱、耐涝品种。根据干旱灾害致贫和洪涝灾害致贫易发地区自身气候特点,选择适宜种植的经济作物和农作物,从而提升经济效益,增强旱涝灾害对农业经济收入影响的抗风险能力。

9.7.3 大力发展高新技术产业,提高地区人均可支配收入

提升人均可支配收入,会极大减轻旱涝灾害引发的贫困问题,降低因灾返贫和因灾致贫的人数,提升该地区抗灾减灾能力。大力发展高新技术产业,有益于降低宝鸡市各地区的第三产业所占比重,达到产业结构优化调整的目的。干旱、洪涝灾害致贫的易发地东风镇、东南镇和曹家湾镇等地区,第一产业占总产业比重较大,同时旱涝灾害对第一产业影响最为明显,第一产业所占比例下降,旱涝灾害对地区的经济冲击就越弱。虽第一产业所占比重下降,但随着大力推广农业高新技术,其农产品附加产值会出现上升的现象,有利于增加农民收入,从而保障旱涝灾害资产易损群体的经济收入,达到减低干旱和洪涝灾害所带来的致贫和返贫问题的效果。

9.7.4 加大对坡面和河道的整治力度

随着宝鸡市工业经济的快速发展和人类活动的加剧,宝鸡市内大部分河道在城市化进程和人口急剧增长的影响下,出现河道内水资源消耗过度,并引发河流季节性断流,进而对人类的生产生活造成不便。坡面较为陡峭的地方,植被覆盖较为稀少,易引发水土流失和山体滑坡等灾害。在坡面和人类活动的共同影响下,地方河道容易形成淤积,从而使得河面抬升,在强降雨天气时,易引发洪涝灾害,对沿岸地区的建筑、基础设施和人民财产安全造成威胁。应对这些地区进行坡面整治和河道治理,将坡面堆砌物进行移除,在坡面上种植林木和植被等,增加坡面植被覆盖度。对河道的泥沙淤积进行清理,严格把控生产生活用水对河道水资源的运用,达到河流水资源的合理有效运用。

9.7.5 将旱涝灾害难防难治的贫困地区进行人口转移安置

宝鸡市内存在着干旱和洪涝灾害易发和频发地区,这些地区大部分位于连片特困地区,交通偏僻、地势险峻、植被覆盖稀少。政府帮扶的相关政策难以在这些地区显现成效,防治旱涝灾害措施对地区内的防治成果不显著。在这种情形下,应响应国家政策号召,对这些旱涝灾害难防难治的贫困地区进行人口转移安置,可以直接使顽固地区的灾害致贫问题得到根本解决,能达到贫困地区防治旱涝灾害成效的最理想化。对这些地区的人口进行转移安置,还有利于转变人们生产生活方式,促进就业,增加人均收入,从而达到减贫治贫的效用。

9.7.6　建立旱涝灾害致贫综合网络监测系统

根据宝鸡市各乡镇干旱、洪涝灾害致贫风险特点，高风险等级灾害地区应成为重点监测对象，对因干旱、洪涝灾害致贫的各中高风险等级乡镇进行实时监测。旱涝灾害致贫监测系统是集灾致贫风险灾害管理、集灾前灾后贫困人口监测、因灾致贫家庭的防灾减灾指导、灾害致贫风险评估和应急救灾的决策指挥等综合为一体的监测网络系统。对旱涝灾害致贫的各中高风险乡镇建立互相联系的实时网络监测系统，有益于提升地方政府对各因灾致贫人口的详细了解，便于扶贫工作有针对性地开展，更好地从根源入手解决地方的因灾致贫问题。此外，建立旱涝灾害致贫综合网络监测系统，便于对因灾致贫重点风险区域的防洪抗旱设施进行加强和扩建，把握各乡镇旱涝灾害致贫的特点及规律，进而主动防治旱涝灾害所带来的社会经济损失。宝鸡市旱涝灾害致贫综合网络监测系统应以东凤镇、东南镇、城关街道和曹家湾镇这些旱涝灾害致贫的高风险乡镇为重点对象，完善各乡镇应灾风险管理体系，提升各乡镇防灾减灾工程技术。防止洪涝灾害和干旱灾害对境内造成连锁影响，使境内社会经济受到干旱灾害和洪涝灾害的双重打击。建立宝鸡市旱涝灾害致贫综合网络监测系统，加强各乡镇扶贫人员的岗位培训和实际演练；因地制宜地解决旱涝灾害所带来的社会经济损失和贫困问题；对网络监测系统中长期受到旱涝灾害致贫和返贫的人口加派工作人员进行一对一的重点帮扶和收入结构调整的生产活动指导，以此提升宝鸡市防治因灾致贫和因灾返贫能力。

9.7.7　加大旱涝灾害致贫中高风险地区的政策扶持力度

对于宝鸡市旱涝灾害致贫各等级地区，不能使用无差别的政策帮扶，应对中高风险区域加大政策扶持力度。目前，宝鸡市政府部门对于因灾致贫问题严重的地区政策倾斜还不足，可对中高级干旱灾害致贫风险区增加财政拨款，用以建设当地防灾减灾基础设施，加强局部灾害发生机理和灾害防治的综合研究，从而增强局部地区编织应灾预案和抗击旱涝灾害侵害的能力。出台相关政策对当地植树育林的农民进行补贴，从而改良旱涝灾害中高风险区的水土流失现状，优化地区生态环境，达到减轻和防治旱涝灾害致贫的目的。对因旱涝灾害造成资产损失严重的居民，可予以发放灾害救助金和新育种期所需的优质农作物种苗。应加强地区救灾力量的培养和救灾物资的储备，以期通过政府部门的政策扶持，有效缓解和解决中高风险地区的贫困问题。

9.7.8　增强中高风险地区居民的节水和保水意识

宝鸡市干旱灾害致贫的中高风险区大多共性表现为年降水量少、历史发生干旱灾害次数多和常住人口多等，这些因素之间主要是由于降水的稀少，庞大的人类生产生活用水需求，导致水资源紧张，难以应对突发的干旱灾害。同时随着农业生产中化肥的过量和不科学使用，以及居民生活废水的随意排放等，使河渠水体受到污染，缺水地区的水资源紧张程度进一步加剧。针对干旱灾害致贫的中高风险地区，应对居民进行节水、保水意识的培养，形成全民节水保水的良好氛围，从而在生活的各个细节上做到节约用水，避免水资源不必要的浪费。在农业生产上，应对居民进行农作物科学种植的指导，科学式的节水灌溉，对非干旱期间农业用水形成刚性约束，以减轻水资源浪费。以及使用化肥适度适量，或运用天然化肥代替人工化肥，以减轻农业不科学的生产方式对水体所造成的污染。争取在有限的水资源下，通过提升干旱灾害致贫中高风险地区居民的科学用水和节水保水意识，增强地区生产生活用水的水资源保障，以阻断或极大程度上减少因干旱灾害对人民财产造成损害而产生的贫困人口。

9.8 讨论与结论

9.8.1 讨论

本研究对于宝鸡市干旱、洪涝灾害致贫风险评估及区划是以建立宝鸡市干旱、洪涝灾害危险性和贫困暴露性以及贫困应对能力评估体系为前提展开研究的。一个严谨、精细化的评估体系往往需要大量评估指标予以支撑，足够丰富的指标才能将各细微指标的误差最小化，评估结果才能置信度高。但宝鸡市部分数据和资料难以获取，只能替换成类似的指标，这些替换往往是会对研究结果产生一定影响。对于灾害危险性、贫困暴露性和应对能力评估体系构建的指标选取，因研究区自身社会和自然环境因素的不同，使得各研究区之间在灾害风险评估上拥有其独特的特点。同时国内对于灾害风险的研究对象各不相同，对地区灾害风险评估体系的指标选取也各不相同，且关于各地区灾害风险评估的研究较少，难以为地方上灾害风险评估的研究提供借鉴，这就使得各地区风险评估指标缺乏一定程度上的认可，不易形成针对地方特色而言最精准的评估指标体系。本研究在干旱、洪涝灾害危险性和贫困暴露性以及贫困应对能力评估研究中，对农业经济影响的指标选取多于对城市经济影响的指标选取，而干旱和洪涝灾害危险性对于城市和农村居民贫困脆弱性的影响是相当的。随着我国经济的快速发展和各类政策的颁布、实施，农村居民和城市居民所从事的劳动发生了极大的改变，二者之间具有了交叉性，部分农村居民从事着城市工作等活动，部分城市居民租用农村土地进行农作物种植等活动。未来对于宝鸡市干旱、洪涝灾害危险性和贫困暴露性以及贫困应对能力指标的构建，应充分考虑到二者的交叉关系，在指标选取过程中衡量好农村指标与城市指标的科学合理性。

国内外对于灾害致贫风险评估的研究方法较为多样，国内学者武文斌(2014)通过构建洪涝灾害风险评估模型，对洪涝灾害向福利损失风险、收入损失风险和资产损失风险进行研究，通过多维贫困和单维贫困计算洪涝灾害致贫风险。该研究按照地区人均收入、估值资产定义各维度阈值，但以人均收入低于2300元和采用估值贫困资产的方法精准差异太大，缺乏合理性。本章基于宝鸡市因灾致贫人口数据，运用旱涝灾害致贫风险评估模型，进行了干旱、洪涝灾害致贫风险评估及区划，加入各乡镇灾害致贫人口数据对干旱、洪涝灾害致贫风险展开研究，能得到更为合理的宝鸡市旱涝灾害致贫风险评估及区划结果。但各乡镇因干旱、洪涝灾害产生的贫困人口没有实测数据，本研究仅选取了各乡镇因灾致贫人口指标，这可能使结果与具体干旱、洪涝灾害致贫人口所综合评估的结果存在一定的差异，在以后的研究中，应尽可能通过实地调查获取各乡镇真正的干旱、洪涝灾害致贫人数，并在评估模型中加入趋势分析及预测，从而建立具更为精准的干旱、洪涝灾害致贫风险评估体系。

9.8.2 结论

对灾害致贫风险进行评估及区划是贫困风险监测体系的重要组成部分，是防治灾害致贫和因灾返贫的重要举措。本章以旱涝灾害致贫风险模型为基础，从干旱灾害危险性、洪涝灾害危险性和贫困脆弱性进行研究，其中将贫困脆弱性分为贫困暴露性和贫困应对能力展开评估。

结合相关文献并根据宝鸡市市情，选取研究所需的评价指标，结合 AHP 层次分析法、德尔菲法和加权综合评价法构建干旱、洪涝灾害危险性和贫困脆弱性评估体系，对影响宝鸡市干旱、洪涝灾害危险性和贫困暴露性以及贫困应对能力的 4 个评估对象进行加权评价。根据贫困暴露性以及贫困应对能力，基于贫困脆弱性的定义，得到宝鸡市贫困脆弱性评估结果。利用 ArcGIS 和自然断点法对宝鸡市干旱、洪涝灾害危险性和贫困脆弱性评估结果生成等级区划图。运用旱涝灾害致贫风险评估模型，对宝鸡市各乡镇干旱、洪涝灾害致贫风险进行评估，最后运用 ArcGIS 和自然断点法实现对宝鸡市旱涝灾害致贫风险的等级区划。

对于宝鸡市干旱、洪涝灾害危险性和贫困脆弱性评估及区划研究的具体结论如下：

(1)宝鸡市各乡镇干旱灾害危险性区划结果在空间整体上分布不均匀，宝鸡市干旱灾害危险性高危险区主要涵盖扶风县、陇县和眉县；次高危险区大多集中在千阳县和凤翔县；中危险区主要位于麟游县和岐山县；次低危险区分布在凤县和宝鸡市区；低危险区集中分布在太白县。

(2)宝鸡市洪涝灾害危险性最高的地区主要集中在太白县和宝鸡市市区；次高危险区主要位于千阳县和凤翔县；中危险区主要分布在岐山县、陇县和眉县；次低危险区集中分布在凤翔县和扶风县；低危险区主要分布在麟游县。

(3)宝鸡市贫困低脆弱性区主要分布在凤县；次低脆弱区主要涵盖了宝鸡市市区；中脆弱区位于眉县和凤县等地区；次高脆弱区主要位于太白县和千阳县等地区；高脆弱区主要集中在招贤镇、九成宫镇和陇县。

通过宝鸡市旱涝灾害致贫风险评估及区划研究发现：

(1)宝鸡市干旱灾害致贫风险空间分布不均匀，干旱灾害致贫低风险区主要位于宝鸡市西南部地区；次低风险区主要分布在凤翔县、岐山县和眉县；中风险区大多分布在天度镇、绛帐镇、杏林镇、法门镇、段家镇、午井镇和千阳县；次高风险区集中分布在柳林镇、酒房镇、常丰镇、崔木镇、召公镇、城关街道、两亭镇、招贤镇和丈八镇；高风险区主要集中在九成宫镇和陇县。

(2)宝鸡市洪涝灾害致贫风险在空间分布上同干旱灾害致贫风险空间分布相似，都极为不均匀，洪涝灾害致贫低风险区主要位于宝鸡市的凤县和凤翔县；次低风险区主要分布在宝鸡市的中部地区；中风险区主要分布在太白河镇、黄柏塬镇、千阳县和麟游县的大部分地区；次高风险区大多分布在靖口镇、鹦鸽镇、九成宫镇、河北镇、八渡镇、王家堎镇、桃川镇、温水镇、天成镇、嘴头镇、新集川镇和固关镇；高风险区主要集中在曹家湾镇、东风镇、城关镇和东南镇。

就总体而言，在干旱灾害致贫风险上，次高和高风险等级乡镇占宝鸡市所辖乡镇的 16.23％，九成宫镇和陇县各乡镇应为重点关注的区域。在洪涝灾害致贫风险上，次高和高风险等级乡镇占宝鸡市所辖乡镇的 13.68％，其中宝鸡市的曹家湾镇、东风镇、城关镇和东南镇应为宝鸡市洪涝灾害致贫防范的重点区域。曹家湾镇、东风镇、城关镇和东南镇处于旱涝灾害致贫高风险等级的叠加区域，防治旱涝灾害致贫的压力较大。

第10章　安康市洪涝灾害致贫风险评估及区划

10.1　前言

洪涝灾害作为一种严重的自然灾害，正在受到来自环境、人文、生态、水文、气象、地理、农业等各个学科研究人员越来越多的关注，洪涝灾害是威胁人类生存的严重问题，也是目前全球造成经济损失严重的自然灾害。目前相关学者和研究人员对于洪涝灾害致贫风险的评估模型和评估方法都作了很多研究，在暴雨洪涝风险评估方面，大量学者开展了相关研究，采用了ArcGIS技术建立了一套较为成型的暴雨洪涝灾害风险评估方法。但目前的风险评估大多在省域尺度上进行，评价单元通常以县为单位且各种评价方法在评估模型、指标和方法上并未达成共识。徐玉霞(2017)在运用ArcGIS技术的基础上，对陕西省陕南地区、关中地区、陕北地区的洪涝灾害和干旱灾害建立起评估模型进行区划和评估；石涛(2016)以芜湖市为例，运用ArcGIS技术和空间化分析方法，对芜湖市乡镇街道尺度的暴雨洪涝风险进行了建模评估，并利用加权综合评价法、专家打分法，将暴雨洪涝灾害评估分为致灾因子、孕灾因子、承灾体因子和防灾抗灾能力4个方向进行研究区划；武文斌(2014)在黔江区洪涝灾害引起的风险评估模型中确定了收入风险、资产风险和福利风险3个方面，建立起洪涝风险向贫困风险转换评估模型；近年来，张洪玲等(2012)、姜蓝齐等(2013)基于ArcGIS技术选取指标模型，对辽河流域、内蒙古中部、吉林省、松花江干流、广东省、河北省等地的洪涝灾害风险进行了综合评价与区划，采用历史灾情数据进行洪涝灾害风险评估，得到了良好的区划结果。本章基于前人研究的基础上，收集了安康市各县区1951—2013年的降水数据、近10年洪涝灾害引起的人民收入波动数据、倒塌房屋量资产损失量数据、GDP损失数据、地理信息数据和土地财政数据，借鉴前人研究洪涝灾害评估及区划方法的模型，确定灾害致贫指标，使用ArcGIS软件、AHP层次分析法以及自然断点法构建起此地区洪涝灾害致贫风险评估模型，并对安康市防御洪涝灾害的机制作出合理的区划，为安康市洪涝灾害防控机制及措施提供一定的参考依据。

10.2　研究区概况及数据来源

10.2.1　研究区概况

陕南地区，即商洛、安康和汉中3市，其居于豫、陕、鄂、川4个省交界处。陕南地区位于陕西省的南部，北面以秦岭做屏障，和关中相望；南面以巴山为障，和处蜀地相连接。汉江中游的安康市，位于陕西省东南部，处于河谷盆地，在 31°42′～33°49′N，108°01′～110°01′E。其气候湿润温和，四季分明，雨量充沛，无霜期长。安康的气候特点是冬季寒冷少雨，夏季多雨多有伏旱，春暖干燥，秋季温润且多有连绵阴雨。据调查，安康市的贫困县区共有 10 个，分别是汉滨区、石泉县、汉阴县、紫阳县、镇坪县、岚皋县、白河县、宁陕县、旬阳县和平利县（图 10.1）。

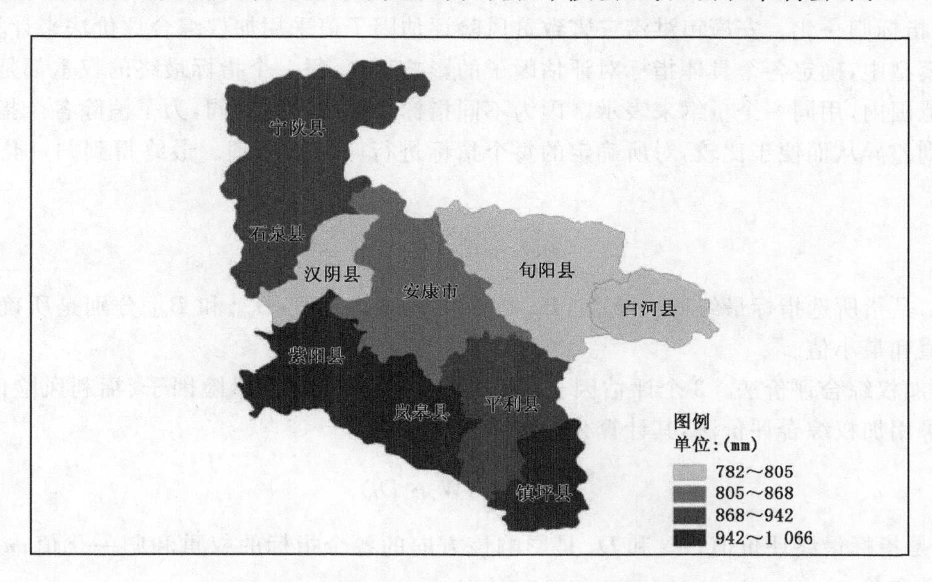

图 10.1　安康市 10 县区近十几年降水量分布图

由图 10.1 可看出，近十几年来安康市降水分布在镇坪县、岚皋县和紫阳县最多，石泉县和宁陕县次之；汉滨区安康市降水量分布中等水平；汉阴县、旬阳县以及白河县降水量在十大县中最少。

10.2.2　安康市洪涝灾害成灾原因

（1）安康市的气候属于北亚热带季风气候，气候环境致使当地降雨量丰沛。

（2）安康市位于河谷盆地，四周山脉环绕从而阻挡气流流通，容易形成强降雨。

（3）此处山地多，山形大多为石头山且土层薄，大量降雨则导致水土流失，易造成洪涝灾害。

10.2.3　数据来源

（1）安康市县区的 1951—2013 年降水量数据均来自中国气象科学数据共享网站。

（2）安康市常住人口、土地面积、财政收入、耕地面积、地方财政收入来自《新编陕西省志》（2015 年）。

（3）安康市行政区划图由矢量数据在 ArcGIS 软件上绘制出来。

（4）安康市洪涝灾害受灾致贫数据、受灾人口数、因灾死亡人数、因灾房屋倒塌数来源于个人调查及气象、水利、扶贫办等部门。农业受损失值、经济损失值、历史洪涝灾情等来自于 2016 年《陕西省统计年鉴》。

10.3 研究方法及指标确定

10.3.1 研究方法

(1)指标归一化。安康市洪涝灾害致贫风险评估因子值采用加权综合评价法来计算,在一个评估模型中,确定各个具体指标对评估因子的影响程度,每一个指标最终的权重都是限制在一定的范围内,用同一个量纲来表示。因为不同指标之间的单位不同,为了消除各个指标间的单位级别差异从而便于比较,对所确定的每个指标进行归一化处理。最终得到归一化的计算公式为:

$$A_{xy} = 0.5 + 0.5\,\frac{B_{xy} - B_{\min}}{B_{\max} - B_{\min}} \tag{10.1}$$

式中,A_{xy}是指所选指标最终归一化值;B_{xy}是该指标的像元值;$B_{\max}$和$B_{\min}$分别是所确定指标的最大值和最小值。

(2)加权综合评价法。3个评估因子(即收入风险因子、资产风险因子、福利风险因子)的计算则采用加权综合评价法,其计算公式为:

$$F = \sum_{i=1}^{n}(W_i \cdot D_i) \tag{10.2}$$

式中,F是指标最终评价值;W_i和D_i是影响该方向的各个指标的权重和归一化值;n表示要算的指标个数。

(3)AHP层次分析法。AHP层次分析法是一种简便、具有技巧性、实用的多指标决策方法,用于定性问题的定量分析。AHP方法让复杂的决策系统变得有层次性,通过一层一层地比较各种相关因子的重要性,从而为分析决策提供定量依据基础。它是最常用的赋予每个因素和指标的方法之一。将决策相关的要素分解为目标、因子、备选方案,接下来进行定性和定量分析。用层次分析法将复杂的问题分开成为多个层次和目标,并将它们进行统一的比较,从而计算出表示不同因子重要性的权重。但是在判断权重时要根据个人主观判断确定各因子在总体指标中所占影响比例,AHP层次分析法建立的步骤主要为:首先将要评估的模型分出几个具体的评估方向;再用相关方向的因子或指标来具体描述各个评估方向;在矩阵模型中判断每个因子或指标所占的权重;最后得出各个评估因子在此风险评估模型中所占的因子权重。

(4)自然断点法。在ArcGIS中,自然断点法能直观反应各个频率和波段呈现出来的差异性,所谓自然断点法是指根据分类的多少和分类数据的区间性采用寻找间断点的形式进行自主的间断划分,统计上可以用方差来衡量,通过计算每个指标的方差,计算此类方差的和,利用方差和的大小来比较分类的好坏。所以需要计算各分类的方差的和,它的最小值的就是最优的分类结果。此处可以根据洪涝灾害的划分标准自定义间断点,即为分类的层次和分类的种类。它能更有效更直观地反映不同地区之间存在着的差异,且能够很直接地反映出各个地区存在的问题。

10.3.2 风险评估原理

风险评估是对风险事件发生前后人们的生命、生活和财产等方面的影响和损失的定量评估。风险评估是量化事件或事物的影响或损失的可能性。致贫风险评估即在灾害发生之前根据之前统计调查数据的基础上,对未来此灾害可能给地区生活、生产以及财产等方面带来的影响损失作出预测和评估。

10.3.3 致贫风险评估指标体系的确定

本章将安康市洪涝灾害致贫风险评估分为3个方面,分别是收入风险、资产风险和福利风险。其衡量指标分别为:①GDP损失值;②地方财政收入直接损失值;③农民人均收入减少值;④耕地面积;⑤农林牧渔业直接经济损失值;⑥因灾倒塌和严重损坏房屋间数;⑦多年平均降水量;⑧30年内发生洪涝灾害次数;⑨受灾人口数;⑩因灾死亡人口数。具体指标体系分布见表10.1。

表10.1 陕南地区洪涝灾害致贫风险评估体系及权重

系统	一级指标	二级指标	权重
陕南地区洪涝灾害致贫风险评估系统	收入风险	GDP损失值	0.05
		地方财政收入直接损失值	0.13
		农民人均收入减少值	0.06
	资产风险	耕地面积	0.12
		农林牧渔业直接经济损失值	0.19
		因灾倒塌和严重损坏房屋间数	0.31
	福利风险	多年平均降水量	0.02
		30年内发生洪涝灾害次数	0.01
		受灾人口数	0.06
		因灾死亡人口数	0.05

10.3.4 权重的确定

由于各数据其单位数量级不同,因此在这里要用到指标归一化方法得出各确定因子的归一化值,取归一化值的最大值和最小值进行加权综合平均计算。

10.4 结果分析

10.4.1 收入因子风险性评估区划

收入因子的风险性主要受地方财政收入损失值和农民人均收入损失值的影响,其中影响收入因子最大的指标是地方财政收入损失值,影响最小的指标是地区GDP差值。本章依据评价收入因子的指标数据,利用加权综合评价法公式 $F=\sum(i=1,2,3,\cdots,n)W_i\times D_i$ 计算出安康市10个地区收入因子的加权综合值,其收入风险因子的加权综合值介于0~0.053。结合ArcGIS软件对矢量数据处理与图形的结合,运用自然断点法将收入因子风险性指数C依次划分为小、较小、中等、较大和大风险区5个等级,其相对应的C值排列依次为小[0,

0.005)、较小[0.005,0.015)、中[0.015,0.024)、较大[0.024,0.035)、大[0.035,0.053),由此分类排列等级得出安康市各县区洪涝灾害收入因子风险评估区划图(图 10.2)。

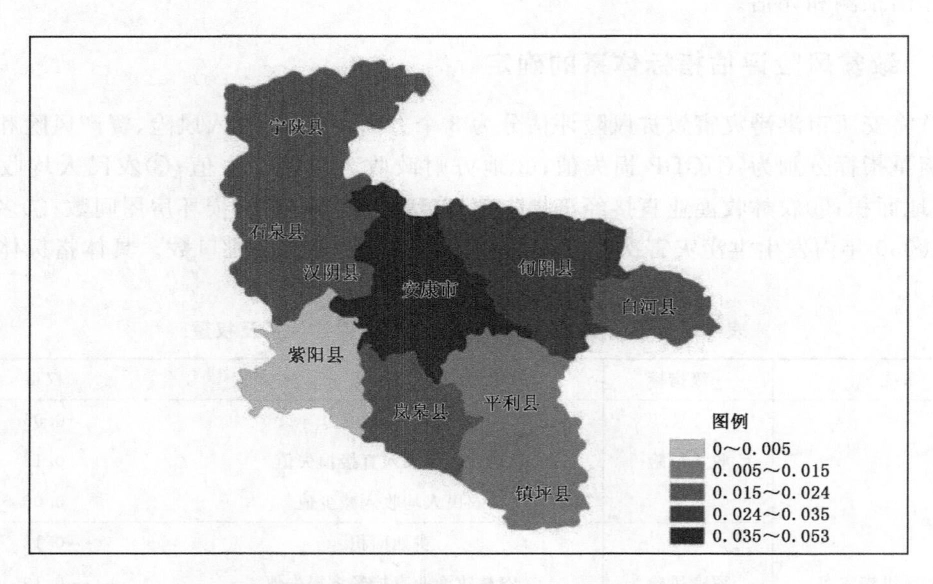

图 10.2 安康市各县区洪涝灾害收入因子风险评估区划图

由图 10.2 可知,安康市洪涝灾害对收入因子影响风险性小的地区是紫阳县,紫阳县 30 年内从未发生过重大洪涝灾害事件,因此受灾人数和因灾死亡人数为零,也未有房屋倒塌情况;收入风险性较小的地方分布在平利县和镇坪县;收入风险性中等的地区是宁陕县、石泉县、汉阴县和岚皋县;收入风险性较大的地区是旬阳县;对收入因子影响最大的地区是安康市汉滨区,因为洪涝灾害对此地的耕地面积、GDP 值、农林牧渔业总产值、农民人均收入以及地方财政收入影响较大。

10.4.2 资产因子风险性评估区划

资产因子的风险性主要受因灾倒塌和严重损坏房屋数、农林牧渔业损失值的影响,其中对资产因子影响最大的是因灾倒塌和严重损坏房屋数,影响最小的是地区耕地面积,本章依据评价资产因子的指标数据利用加权综合评价法公式 $F=\sum(i=1,2,3,\cdots,n)W_i\times D_i$ 分别计算出安康市 10 个地区资产因子的加权综合值,其资产风险因子介于 0.003～0.391。结合 ArcGIS 软件对矢量数据处理与图形的结合,运用自然断点法将收入资产风险性指数 D 依次划分为小、较小、中等、较大和大风险区 5 个等级,其相对应的 D 值排列依次为小[0.003,0.008)、较小[0.008,0.168)、中[0.168,0.214)、较大[0.214,0.305)、大[0.305,0.391),由此排列等级得出安康市各县区洪涝灾害资产因子风险评估区划图(图 10.3)。

由图 10.3 可知,安康市洪涝灾害对资产因子影响小的地方分布在镇坪县,镇坪县 30 年内从未发生过重大洪涝灾害事件,因此受灾人数和因灾死亡人数为零,未曾有因灾导致的房屋倒塌情况、地方 GDP 值未受影响、地方财政收入没有重大损失;资产风险性较小的地方分布在宁陕县;资产风险性中等的地区是平利县、石泉县和岚皋县;资产风险性较大的地区是汉阴县和

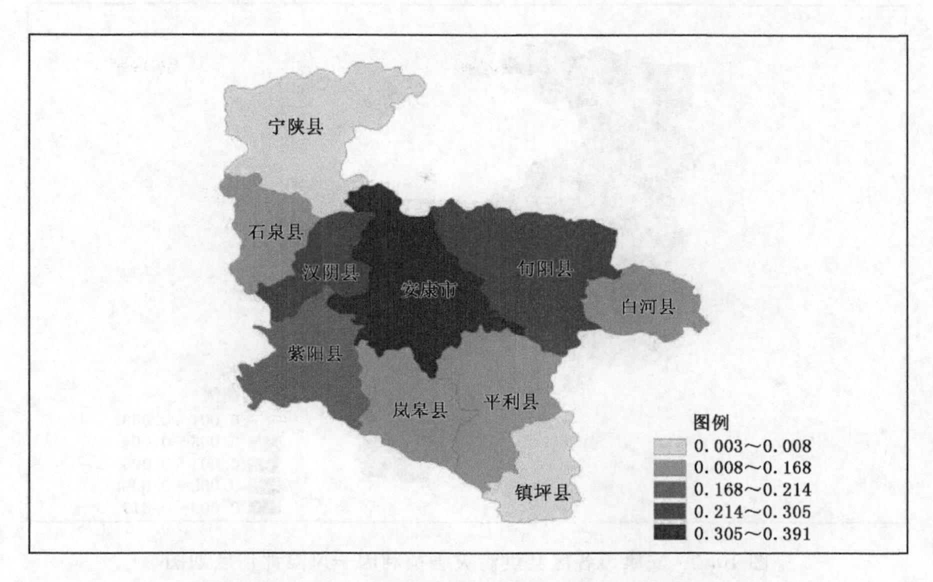

图 10.3 安康市各县区洪涝灾害资产因子风险评估区划图

旬阳县；对资产因子风险性影响最大的地区是安康市汉滨区，因为洪涝灾害对此地的耕地面积、GDP 值、农林牧渔业总产值、农民人均收入以及地方财政收入影响最大。

10.4.3 福利因子风险性评估区划

福利因子的风险性主要受受灾人口数和因灾死亡人口数的影响，其中影响福利因子最大的是受灾人口数，影响最小的是 30 年内发生的洪涝灾害次数。本章依据评价福利因子的指标数据，利用加权综合评价法公式 $F=\sum(i=1,2,3,\cdots,n)W_i\times D_i$ 分别计算出安康市 10 个地区福利因子的加权综合值，其福利风险因子介于 0.001～0.017。结合 ArcGIS 软件对矢量数据的处理和图形的结合，运用自然断点法将福利因子风险性指数 E 依次划分为 小、较小、中等、较大和大风险区五个等级，其相对应的 E 值排列依次为小[0.001,0.003)、较小[0.003,0.004)、中[0.004,0.005)、较大[0.005,0.009)、大[0.009,0.017)，由此排列等级得出安康市各区县洪涝灾害福利因子风险区划图(图 10.4)。

由图 10.4 可知，安康市洪涝灾害对福利因子的影响风险性小的地方分布在宁陕县、汉阴县和镇坪县 3 个地区，宁陕县 30 年内从未发生过重大洪涝灾害事件，因此受灾人数和因灾死亡人数为零，未曾有因洪涝灾害致使的房屋倒塌情况；汉阴县近十几年平均降水量是安康市地区最低，30 年内只发生过一次洪涝灾害，洪涝灾害对汉阴县的受灾人口、死亡人口影响较低；镇坪县 30 年内从未发生过重大洪涝灾害事件，因此受灾人数和因灾死亡人数为零，未曾有因洪涝灾害致使的房屋倒塌情况。福利风险性较小的地方分布在平利县和白河县。福利风险性中等的地域分布在石泉县、旬阳县和岚皋县；福利风险性较大的地区是紫阳县。对福利因子的影响风险性最大地区是安康市汉滨区，因为洪涝灾害对此地的耕地面积、GDP 值、农林牧渔业总产值、农民人均收入以及地方财政收入影响较大。

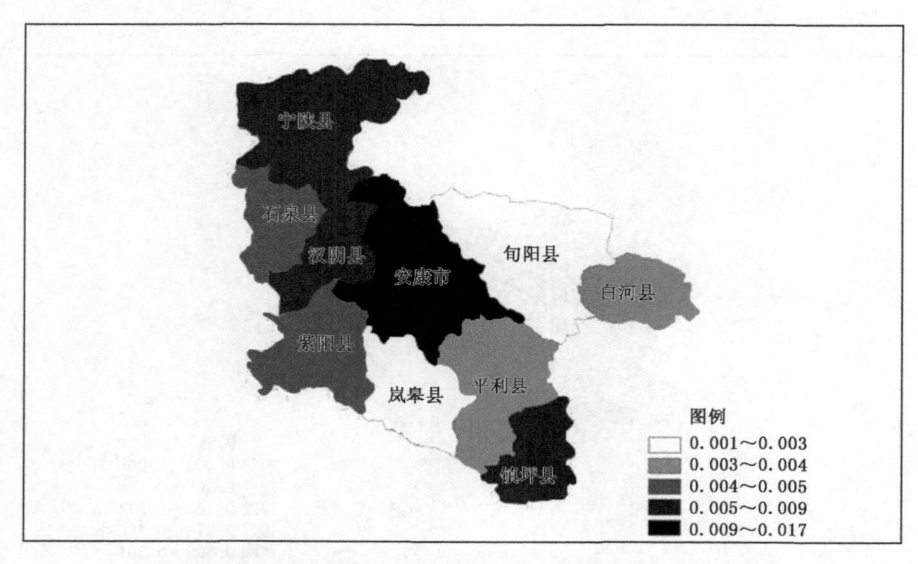

图 10.4　安康市各区县洪涝灾害福利因子风险评估区划图

10.4.4　洪涝灾害致贫风险综合评价与区划

灾害致贫综合风险 G＝收入风险 C＋资产风险 D＋福利风险 E，洪涝灾害致贫风险是收入风险、资产风险和福利风险 3 个因子的综合结果。将 3 个因子综合计算得出灾害致贫综合风险 G 值，结合 ArcGIS 软件对矢量数据处理与图形的结合，运用自然断点法将灾害致贫综合风险性指数 G 依次划分为小、较小、中等、较大和大风险区 5 个等级，其相对应的 G 值依次排列为小[0.019，0.026)、较小[0.026，0.191)、中[0.191，0.273)、较大[0.273，0.347)、大[0.347，0.461)，由此排列等级得出安康市各县区洪涝灾害致贫风险综合评估区划图(图 10.5)。

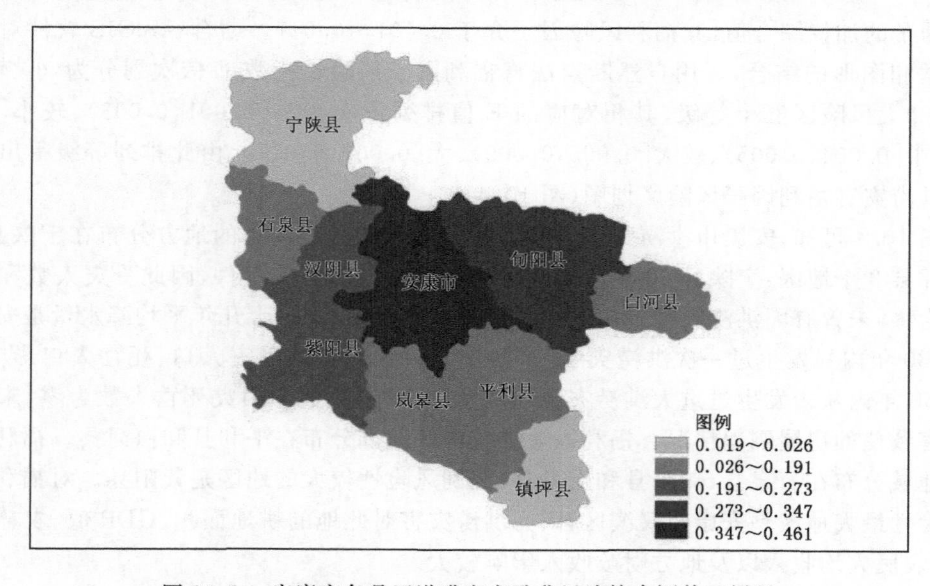

图 10.5　安康市各县区洪涝灾害致贫风险综合评估区划图

由图10.5可知，安康市洪涝灾害收入风险性、资产风险性和福利风险性的空间分布差异明显，收入风险区主要分布在安康市汉滨区和旬阳县；资产风险区分布较集中，且分布范围大，主要分布在安康市汉滨区周边县；福利风险区分布较零散，大致分布在汉滨区和紫阳县。洪涝灾害综合风险总体上呈现中部地区大于北部县区和南部县区。安康市汉滨区属于致贫高风险区；而宁陕县和镇坪县致贫风险性较小，属于轻、低度风险区。由图10.5可见，中、高度风险县区占到安康市所有县区的三分之一左右，表明洪涝灾害对安康市经济影响程度比较大，致贫风险较高。洪涝灾害预警及防御能力的提高是安康市面临的重要问题。

10.5　讨论与结论

10.5.1　讨论

(1)综合本章分析的影响洪涝灾害致贫的3个指标可以看出，无论是关于收入因子、资产因子或者福利因子，安康市汉滨区都是洪涝灾害受损最严重的地区。由于汉滨区相较其他县区地势低、海拔低，位于河谷盆地境内，汉江流域环绕其周围，因此近十几年降水量丰沛，GDP值、地方财政收入和农林牧渔业产值都受到较大影响。

(2)由降水量分布图可看出安康市各县区降水量西南方向分布丰沛，东部地区降水量较少。结合洪涝灾害风险评估综合评价图得到降水量越多的地区，洪涝灾害发生频率越高，由洪涝灾害引起的各方面损失越严重，地区经济情况越落后。

(3)本章运用到的各种地理数学方法对洪涝灾害致贫风险研究很有帮助，指标归一化方法把不同数量级不同单位的指标都集合成区间在0～1的值，便于比较和研究。

(4)此次研究不足之处在于研究地区范围未能下放到乡镇、村级尺度，在此调查研究之前王文娟、陈亚丹已经就各地县级地区做过调查研究，构建模型得出结论，因此文章内容模式未有大的创新。但在洪涝灾害致贫风险评估的指标选取上有新的归纳和分类，建立了致贫风险评估模型，合理区划了整个安康市的受灾范围，提出了未来本地区在洪涝灾害防御和治理方面的一些措施。

10.5.2　结论

(1)安康市洪涝灾害对收入风险影响最小的地区是紫阳县；风险性较小的地方为平利县和镇坪县；风险性中等的地区是宁陕县、石泉县、汉阴县和岚皋县；风险性较大的地区是旬阳县；对收入风险影响最大的地区是安康市汉滨区。

(2)安康市洪涝灾害对资产风险影响最小的地区是镇坪县；风险性较小的地区分布在宁陕县；风险性中等地区是平利县、石泉县和岚皋县；风险性较大的地区是汉阴县和旬阳县；对资产风险性影响最大的地区是安康市汉滨区。

(3)安康市洪涝灾害对福利风险影响最小的地区是宁陕县、汉阴县和镇坪县；风险性较小的地区是平利县和白河县；风险性中等的地区分布在石泉县、旬阳县和岚皋县；风险性较大的地区是紫阳县；对福利风险影响最大地区是安康市汉滨区。

参考文献

白子怡，薛亮，2019. 基于GIS的宝鸡市洪涝灾害风险加权综合评价[J]. 河南科学，37(4)：642-647.

蔡新玲，雷向杰，王娜，等，2011. 陕西省气象灾害灾情特征及年景评估[J]. 陕西气象(4)：17-20.

蔡新玲，吴素良，贺皓，等，2012. 变暖背景下陕西极端气候事件变化分析[J]. 中国沙漠，32(04)：1095-1101.

曹茹，陈浩，2019. 宝鸡市冰雹灾害风险区划研究[J]. 自然灾害学报，28(02)：145-152.

曹志杰，陈绍军，2016. 气候风险视阈下气候贫困的形成机理与演变态势[J]. 河海大学学报(哲学社会科学版)，18(5)：52-59，91.

成陆，付梅臣，王力，2019. 基于RS和GIS的县域洪涝灾害风险评估[J]. 南水北调与水利科技，17(06)：37-44，68.

程先富，郝丹丹，2015. 基于OWA-GIS的巢湖流域洪涝灾害风险评价[J]. 地理科学，35(10)：1312-1317.

邓丽仙，杨绍琼，2008. 灰色系统理论在滇池流域干旱预测中的应用[J]. 人民长江(06)：26-28.

杜继稳，等，2008. 陕西省干旱监测预警评估与风险管理[M]. 北京：气象出版社.

段光耀，赵文吉，宫辉力，2012. 基于遥感数据的区域洪涝风险评估改进模型[J]. 自然灾害学报，21(04)：57-61.

冯利华，2000. 基于神经网络的洪水预报研究[J]. 自然灾害学报，(02)：45-48.

高庆华，1991. 中国的自然灾害与减灾系统工程[J]. 河北地质学院学报，14(3)：241-253.

高伟，沈秋，李梦璠，等，2018. 基于多源遥感数据的洪涝淹没范围时序监测分析[J]. 测绘与空间地理信息，41(07)：8-10，14.

耿大定，陈传康，杨吾扬，等，1978. 论中国公路自然区划[J]. 地理学报，33(1)：49-61.

宫清华，黄光庆，郭敏，等，2009. 基于GIS技术的广东省洪涝灾害风险区划[J]. 自然灾害学报，18(1)：58-63.

巩前文，张俊飚，2007. 农业自然灾害与农村贫困之间的关系——基于安徽省面板数据的实证分析[J]. 中国人口·资源与环境，(04)：92-95.

何娇楠，2016. 云南省干旱灾害风险评估与区划[D]. 昆明：云南大学.

胡鞍钢，2009. 亟须关注气候贫困人口[N/OL]. 21世纪经济报道，2009-06-10. http://epaper.21jingji.com/html/2009-06/10/node1.htm.

黄崇福，刘新立，周国贤，等，1998. 以历史灾情资料为依据的农业自然灾害风险评估方法[J]. 自然灾害学报，7(2)：1-9.

黄河，范一大，杨思全，等，2015. 基于多智能体的洪涝风险动态评估理论模型[J]. 地理研究，34(10)：1875-1886.

姜创业，蔡新玲，吴素良，等，2011. 1961—2009年陕西省极端强降水事件的时空演变[J]. 干旱区研究，28(1)：151-157.

姜逢清，朱诚，胡汝骥，2002. 新疆1950—1997年洪旱灾害的统计与分析特征分析[J]. 自然灾害学报，11(4)：96-100.

姜江，马建勇，许吟隆，2012. 农业灾害脆弱性与农村贫困灰色关联分析——以宁夏地区为例[J]. 安徽农业科学，40(9)：5308-5309.

姜蓝齐，马艳敏，张丽娟，等，2013. 基于GIS的黑龙江洪涝灾害风险评估与区划[J]. 自然灾害学报，22(5)：238-246.

孔锋，薛澜，乔枫雪，等，2019. 新时代我国综合气象防灾减灾的综述与展望[J]. 首都师范大学学报(自然科学版),40(04):67-72.

雷雯,张向荣,2016.2015年宝鸡市冬季气候条件分析[J].安徽农业科学,44(30):176-178,226.

李斌,解建仓,胡彦华,等,2017.基于标准化降水指数的陕西省干旱时空变化特征分析[J].农业工程学报,33(17):113-119.

李茜,蔡新玲,徐军昶,等,2015.陕西省暴雨灾害风险实时评估技术研究[J].中国农学通报,31 (25):241-246.

李树军,袁静,何永健,等,2012.基于GIS的潍坊市暴雨洪涝灾害风险区划[J].中国农学通报,28(20):295-301.

李喜仓,白美兰,杨晶,等,2012.基于GIS技术的内蒙古地区暴雨洪涝灾害风险区划及评估研究[J].干旱区资源与环境,26(7):71-77.

李晓军,2007.GIS空间分析方法研究[D].杭州:浙江大学.

李莹,高歌,宋连春,2014.IPCC第五次评估报告对气候变化风险及风险管理的新认知[J].气候变化研究进展,10(4):260-267.

刘航,蒋尚明,金菊良,等,2013.基于GIS的区域干旱灾害风险区划研究[J].灾害学,28(3):198-203.

刘璐,2009.陕西省干旱气象灾害易损性分析与区划[D].兰州:兰州大学.

刘小艳,2010.陕西省干旱灾害风险评估及区划[D].西安:陕西师范大学.

刘晓梅,李晶,吕志红,等,2009.近50年辽宁省干旱综合指数的动态变化[J].生态学杂志,28(5):938-942.

卢珊,高红燕,张宏芳,2015.基于信息扩散方法的秦岭北麓汛期暴雨洪涝灾害风险评估[J].中国农学通报,31(29):235-240.

马定国,刘影,陈洁,等,2007.鄱阳湖区洪灾风险与农户脆弱性分析[J].地理学报,62(3):321-330.

毛德华,2011.灾害学[M].北京:科学出版社.

莫建飞,陆甲,李艳兰,等,2012.基于GIS的广西农业暴雨洪涝灾害风险评估[J].灾害学,27(1):38-43.

裴琳,严中伟,杨辉,2015.400多年来中国东部旱涝型变化与太平洋年代际振荡关系[J].科学通报,60(01):97-108.

彭维英,殷淑燕,刘晓玲,等,2011.汉江上游安康市近50年旱涝特征分析[J].江西农业学报,23(5):144-148.

乔丽,程恺,吴林荣,等,2012.近30a陕西省气象干旱灾害时空分布特征[J].水土保持通报,32(1):253-256.

秦大河,Thomas Stocker,2014.IPCC第五次评估报告第一工作组报告的亮点结论[J].气候变化研究进展,10(1):1-6.

秦文华,杨本锋,2010.以人为本 科学应对——陕西省咸阳市应对“7·23”特大暴雨洪涝灾害的实践与启示[J].中国应急管理,(12):39-41.

任国玉,郭军,徐铭志,等,2005.近50年中国地面气候变化基本特征[J].气象学报,63(6):942-956.

任鲁川,2000.灾害熵概念引人及应用案例[J].自然灾害学报,9(2):26-31.

桑京京,查小春,2011.近60年陕西省洪涝灾害对经济社会发展影响研究[J].干旱区资源与环境,25(7):140-145.

陕西救灾年鉴编辑委员会,2016.陕西救灾年鉴[M].西安:陕西新华出版传媒集团陕西科学技术出版社.

陕西历史自然灾害简要纪实编委会,2002.陕西历史自然灾害简要纪实[M].北京:气象出版社.

陕西省地情网统计数据:http://www,sxsdq.cn/whsy/dfzwh/.

陕西省地图集编委会,2010.陕西省地图集[M].西安:西安地图出版社.

沈桂环,李军社,2011.汉江上游“2010·7”特大暴雨洪水分析[J].甘肃科技纵横,40(3):67,70.

石界,姚玉璧,雷俊,2014.基于GIS的定西市干旱灾害风险评估及区划[J].干旱气象,32(2):305-309.

石忆邵,1994.陕西省干旱灾害的成因及其时空分布特征[J].干旱区资源与环境,8(3):51-57.

史培军,1996.再论灾害研究的理论与实践[J].自然灾害学报,5(4):6-14.

史培军,2002.三论灾害研究的理论与实践[J].自然灾害学报,11(3):1-9.

孙绍骋,2002.遥感技术在洪涝灾害防治体系建设中的应用[J].地理科学进展,(03):282-288.

田宏岭，张建强，2016. 山地灾害致贫风险初步分析——以湖北省恩施州为例[J]. 地球信息科学学报，18(03)：307-314.

万红莲，宋海龙，朱婵婵，等，2017. 明清时期宝鸡地区旱涝灾害链及其对气候变化的响应[J]. 地理学报，72(1)：27-38.

万红莲，朱婵婵，宋海龙，等，2017. 渭河宝鸡市区段洪水灾害风险预测研究——以下马营渭河生态园为例[J]. 河南科学，35(11)：1852-1857.

万昔超，殷伟量，孙鹏，等，2017. 基于云模型的暴雨洪涝灾害风险分区评价[J]. 自然灾害学报，26(04)：77-83.

王博，崔春光，彭涛，2007. 暴雨灾害风险评估与区划的研究现状与进展[J]. 26(3)：281-286.

王理萍，王树仿，王新华，等，2017. 基于 AHP 和 GIS 的云南省干旱灾害风险区划研究[J]. 节水灌溉，(10)：100-103，106.

王齐彦，2009. 中国城乡社会救助体系建设研究[M]. 北京：人民出版社.

王莺，王劲松，姚玉璧，2014. 甘肃省河东地区气象干旱灾害风险评估与区划[J]. 中国沙漠，34(4)：1115-1124.

王志杰，王巧利，焦菊英，等，2012. 陕北佳县"7·27"特大暴雨中心区侵蚀灾害调查[J]. 水土保持通报，32(5)：13-17.

魏建波，赵文吉，关鸿亮，等，2015. 基于 GIS 的区域干旱灾害风险区划研究——以武陵山片区为例[J]. 灾害学，30(1)：198-204.

吴登靠，2004. 苍南县西南地区贫困化问题及其对策研究[D]. 杭州：浙江大学.

武文斌，2014. 黔江区洪涝灾害致贫风险研究[D]. 北京：首都师范大学.

谢平，李析男，陈丽，等，2016. 基于 WHMLUCC 水文模型的非一致性干旱频率计算方法（Ⅰ）：原理与方法[J]. 华北水利水电大学学报(自然科学版)，37(1)：1-5.

谢永刚，袁丽丽，孙亚男，2007. 自然灾害对农户经济的影响及农户承灾力分析[J]. 自然灾害学报，16(06)：171-179.

徐天群，朱勇华，董亚娟，2001. 汉江中下游防洪风险分析中的极值分布模型研究[J]. 水利水电快报，(23)：13-16.

徐文彬，2014. 了解气候变化风险 推动灾害风险管理[N]. 中国气象报，2014-05-22(003).

徐玉霞，2016. 1949—2009 年宝鸡发生的洪涝灾害对社会经济发展的影响研究[J]. 中国农学通报，32(28)：177-182.

徐玉霞，2017. 基于 GIS 的陕西省洪涝灾害风险评估及区划[J]. 灾害学，32(2)：103-108.

徐玉霞，许小明，马楠，2018. 县域尺度下的陕西省洪涝灾害风险评估及区划[J]. 干旱区地理，41(02)：306-313.

徐玉霞，许小明，杨宏伟，等，2018. 基于 GIS 的陕西省干旱灾害风险评估及区划[J]. 中国沙漠，38(1)：192-199.

许凯，2015. 我国干旱变化规律及典型引黄灌区干旱预报方法研究[D]. 北京：清华大学.

许吟隆，2009. 扶贫政策必须考虑气候变化影响[J]. 中国经济报告，(4)：26-31.

闫桂霞，陆桂华，2009. 基于 PDSI 和 SPI 的综合气象干旱指数研究[J]. 水利水电技术，40(4)：10-13.

杨浩，陈光燕，庄天慧，等，2016. 气象灾害对中国特殊类型地区贫困的影响[J]. 资源科学，38(04)：676-689.

杨金虎，江志红，白虎志，2008. 西北区东部夏季极端降水事件同太平洋 SSTA 的遥相关[J]. 高原气象，27(2)：331-338.

杨帅英，郝芳华，宁大同，2004. 干旱灾害风险评估的研究进展[J]. 安全与环境学报，4(2)：79-82.

杨秀春，朱晓华，2002. 中国七大流域水系与洪涝的分维及其关系研究[J]. 灾害学(03)：10-14.

杨宇，王金霞，黄季焜，2016. 农户灌溉适应行为及对单产的影响：华北平原应对严重干旱事件的实证研究[J]. 资源科学，38(5)：899-907.

姚玉璧，李耀辉，石界，等，2014. 基于 GIS 的石羊河流域干旱灾害风险评估与区划[J]. 干旱地区农业研究，32

(2):21-28.

张刚,杨昕,汤国安,2013. GIS 软件的空间分析功能比较[J]. 南京师范大学学报(工程技术版),13(2):41-47.

张宏平,陈建文,徐小红,等,1998. 陕西省干旱灾害的农业风险评估[J]. 灾害学,13(4):57-61.

张宏平,张汝鹤,1998. 陕西省干旱灾害的农业风险评估[J]. 灾害学,13(4):57-61.

张洪玲,宋丽华,刘赫男,等,2012. 黑龙江省暴雨洪涝灾害风险区划[J]. 中国农业气象,33(4):623-629.

张会,张继权,韩俊山,2005. GIS 技术的洪涝灾害风险评估与区划研究——以辽河中下游地区为例[J]. 自然灾害学报,14(6):141-146.

张继权,赵万智,冈田宪夫,等,2004. 综合自然灾害风险管理的理论、对策与途径[J]. 应用基础与工程科学学报,14(增刊):263-271.

张继权,冈田宪夫,多多纳裕一,2005. 综合自然灾害风险管理[J]. 城市与减灾(2):2-5.

张继权,冈田宪夫,多多纳裕一,2006. 综合自然灾害风险管理——全面整合的模式与中国的战略选择[J]. 自然灾害学报,25(10):29-37.

张丽艳,杨东,薛双奕,等,2017. 陕西省降水特征及其对旱涝灾害的影响[J]. 中国农学通报,33(21):126-133.

张倩,孟慧新,2014. 气候变化影响下的社会脆弱性与贫困:国外研究综述[J]. 中国农业大学学报(社会科学版),31(2):56-67.

张晓,2000. 中国水旱灾害的经济学分析[M]. 北京:中国经济出版社.

张欣莉,丁晶,金菊良,2000. 基于遗传算法的参数投影寻踪回归及其在洪水预报中的应用[J]. 水利学报,(06):45-48.

章国材,2014. 自然灾害风险评估与区划原理和方法[M]. 北京:气象出版社.

赵阿兴,马宗晋,1993. 自然灾害损失评估指标体系的研究[J]. 自然灾害学报,2(3):1-7.

赵霞,王平,龚亚丽,等,2007. 基于 GIS 的内蒙古中部区域洪水灾害风险评价[J]. 北京师范大学学报(自然科学版),12(6):666-669.

赵昕,任志远,高利峰,2007. 基于生态足迹法的西部城市可持续发展评价——以宝鸡市为例[J]. 干旱地区农业研究,25(3):219-223.

中国气象学会,2016. 暴雨洪涝风险评估的 GIS 和空间化应用//石涛. 灾害天气监测、分析与预报[C]. 北京:中国气象学会.

中国气象灾害大典编委会,2006. 中国气象灾害大典·陕西卷[M]. 北京:气象出版社.

中国灾害防御协会,2004. 自然灾害区划与风险区划研究进展//张俊香,黄崇福. 风险分析专业委员会第一届年会论文集[C]. 北京:中国灾害防御,55-61.

周成虎,万庆,黄诗峰,2000. 基于 GIS 的洪水灾害风险区划研究[J]. 地理学报,55(1):15-24.

邹敏,2007. 基于 GIS 技术的黄水河流域山洪灾害风险区划研究[D]. 济南:山东师范大学.

ANDREADIS K M,CLARK E A,WOOD E F,et al,2005. Twentieth-Century drought in the conterminous United States[J]. Journal of Hydrometeorology,6(6):985-1001.

ASHOK K M,VIJAY P S,2010. A Review of Drought Concepts[J]. Journal of Hydrology,39(1-2):202-216.

BARROS A P,BOWDEN G J,2008. Toward long-lead operational forecasts of drought:An experimental study in the Murray-Darling River Basin[J]. Journal of Hydrology,357(3):349-367.

BILLA L,SHATTRI M,MAHMUD A R,et al,2006. Comprehensive planning and the role of SDSS in flood disaster management in Malaysia[J]. Disaster Prevention & Management,15(2):233-240.

BLAIKEI P,CANNON T,1994. At Risk:Natural hazard. People's Vulnerability and Disasters [M]. London:Rutledge,147-167.

ELENI KAMPRAGOU,STYLIANI APOSTOLAKI,ELENI MANOL,et al,2011. Towards the harmonization of water-related policies for managing drought risks across the EU Environmental[J]. Science & Policy,14(7):815-824.

FOTHERGILLl A, PEEK L A, 2004. Poverty and disasters in the United States: A review of recent sociological findings[J]. Natural Hazards, 32(1): 89-110.

HANSEN J, LEBEDEFF S, 1987. Global trends of measured surface air temperature[J]. J GeoPhy Rev, 92 (Dll): 13345-13372.

ISLAM R, KAMARUDDINN R, AHMAD S A, 2016. A review on mechanism of flood disaster management in Asia[J]. International Review of Management & Marketing, 6(1): 29-52.

JADHAV M G, AHER H V, JADHAV A S, et al, 2015. Crop Planning Based on Moisture Adequacy Index (MAI) of Different Talukas of Aurangabad District of Maharashtra[J]. Indian Journal of Dryland Agricultural Research & Development, 30(1): 101.

JIAO W Z, ZHANG L F, CHANG Q, et al, 2016. Evaluating an Enhanced Vegetation Condition Index (VCI) Based on VIUPD for Drought Monitoring in the Continental United States [J]. Remote Sensing, 8 (3): 224.

KINCER J B, 1919. The seasonal distribution of precipitation and its frequency and intensity in the United States[J]. Monthly Weather Review, 47: 624-631.

LINSLEY R K, KOHLER M A, Paulhus J L H, 1982. Hydrology for Engineering[M]. New York: McGraw-Hill, 374-375.

MCKEE T B, DOESKEN N J, KLIEST J, 1993. The relationship of drought frequency and duration to time scales//Proceedings of the 8th Conference on Applied Climatology[C]. Boston: American Meteorological Society, 179-182.

MUNGER T T, 1916. Graphic method of representing and comparing drought intensities[J]. Monthly Weather Review, 44: 642-643.

NOY I, 2009. The macroeconomic consequences of disasters[J]. Journal of Development Economics, 88(2): 221-231.

PAULO A A, FERREIRA E, COELHO C, et al, 2005. Drought class transition analysis through Markov and Loglinear models, an approach to early warning[J]. Agricultural Water Management, 77(1): 59-81.

PETAK WILLIAM J, ATKISSON ARTHUR A, 1982. Natural hazard risk assessment and public Policy[M]. NewYork: Springer-Verlag, 109-135.

ROBERT MENDELSOHN, ALAN BASIST, 2007. Pradeep Kurukulasuriya & Ariel Dinar, Climate and rural income[J]. Climatic Change, 81(1): 101-118.

SANTOS M A, 1993. 区域干旱研究中的工程风险[M]. 北京:中国水利水电出社, 12-18.

SUSAN L CUTTER, JERRY T MITCHELLI S SCOTT, 2000. Revealing the Vulnerability of People and Places: A Case Study of Georgetown County, South Carolina[J]. Annals of the Association of American Geographers, 90(4): 713-737.

TAGEL GEBREHIEWO, ANNE VAN DER VEEN, BEN MAATHUIS, 2011. Spatial and temporal assessment of drought in the Northern highlands of Ethiopia[J]. International Journal of Applied Earth Observation and Geoinformation, 13(3): 309-321.

TIMMERMAN P, 1981. Vulnerability, Resilience and the Collapse ofSociety: A Review of Models and Possible Climatic Applications[M]. Toronto, Canada: Institute for Environmental Studies, University of Toronto.

VAN WESTEN C J, VAN ASCH T W J, SOETERS R, 2006. Landslidehazard and risk zonation-why is it still so difficult[J]. Bulletin of Engineering Geology and the Environment, 65(2): 167-184.

WHITTLE R, MEDD W, DEEMING H, et al, 2010. After the Rain-learning the lessons from flood recovery in Hull[R]. Lancaster University, Lancaster UK.

WILLIAM J P, ARTHUR A, 1993. 自然灾害风险评估与减灾对策[M]. 北京:地震出版社, 10-40.